新世纪应用型高等教育
电子信息类课程规划教材

U0131842

MCS-51
单片机应用实验教程

新世纪应用型高等教育教材编审委员会　组编

主编　陈育斌
副主编　秦晓梅

大连理工大学出版社

图书在版编目(CIP)数据

MCS-51 单片机应用实验教程 / 陈育斌主编. — 大连：
大连理工大学出版社，2011.3
新世纪应用型高等教育电子信息类课程规划教材
ISBN 978-7-5611-6055-8

Ⅰ．①M… Ⅱ．①陈… Ⅲ．①单片微型计算机—高等学
校—教材 Ⅳ．TP368.1

中国版本图书馆 CIP 数据核字(2011)第 023848 号

大连理工大学出版社出版
地址：大连市软件园路 80 号　邮政编码：116023
发行：0411-84708842　邮购：0411-84703636　传真：0411-84701466
E-mail：dutp@dutp.cn　URL：http://www.dutp.cn
大连理工印刷有限公司印刷　　大连理工大学出版社发行

幅面尺寸：185mm×260mm　　印张：15.75　　字数：364 千字
印数：1～2500
2011 年 3 月第 1 版　　　2011 年 3 月第 1 次印刷

责任编辑：潘弘喆　　　　　　　责任校对：章婉霞
封面设计：张　莹

ISBN 978-7-5611-6055-8　　　　　　定　价：31.00 元

前言

  单片机应用技术是高等学校理工科电类学生必须掌握的课程,实践又是学习、掌握单片机应用技术的重要环节。在积累多年教学经验的基础上,我们将理论课、基础实验和综合设计三个环节有机结合起来,建立了以培养学生独立、创新能力为宗旨的单片机综合设计课程,探索一种实践性教学的新模式,并为此编写了本教程。本教程适用于高等学校高年级本科生的综合设计性实验教学,也适用于电类专业的技术人员自学参考。

  本教程所使用的实验硬件平台是 DP-51PROC 单片机综合仿真实验台。调试软件采用 KeilC51μVision2(简称 Keil),该软件是基于 80C51 内核的单片机开发平台,内嵌多种标准的开发工具,是目前被广泛使用的调试工具之一。本教程对 Keil 软件的使用给出简单而实用的描述。

  引入新型模块及串行接口技术是当前单片机应用领域的发展趋势,也是本教程所描述的重点,如具有同步串行接口 SPI 的 ADC 和 DAC 模块编程原理、I^2C 总线协议及接口器件编程、单总线接口原理、128×64 LCD 点阵显示编程等,这些内容的引入使教材更具实用性。

  本教程虽以实验内容为主,但每一章节包含相关模块基本原理介绍、相关 SFR 初始化方法、实验台上的应用电路及编程思想描述。读者可参考实验台上的实验电路及对应程序进一步加深对内容的理解和掌握。当然,读者可按教程内容在自己设计的 PCB 板上进行实践。

  教程中每一实验都分为验证性实验和思考性编程两部分,前者给出实验程序以便读者学习,后者则需要读者在验证性实验基础上进行适当修改,独立编写所要求的程序,这种方法有利于读者更好地掌握和灵活运用单片机相关知识。

  这里我们应提醒每位读者:(1)实践是学习单片机知识的重要环节,只有通过不断编程、调试和查找错误才能提高自己;(2)在软件调试过程中应强调调试方法,利用单步、断点和观察变量等方法查找错误,实现程序的"透明化"调试;(3)初学者编

新世纪

程中常出现的错误有两种:语法错误和逻辑错误。语法错误可通过编译器自动查找、指出出错的指令行和错误类型;逻辑错误只能靠编程者自己解决。避免和减少逻辑错误最有效的方法是养成先画流程图,再根据流程图编写代码的好习惯。如出现逻辑错误可在程序关键部位设置断点,程序运行到断点时,通过观察变量查找错误,修改设计;(4)对于比较大或比较复杂的程序,应采用模块化设计方法。在结构上主程序尽可能简单,其他所有操作都以"子程序"或"子函数"的方式调用。

本教程的内容分以下几个部分:第一章对实验系统的硬件平台和运行模式进行描述;第二章从实用角度介绍 KeilC51 的使用步骤及方法;第三章、第四章分别介绍了 DP-51PROC 实验系统在线调试和脱机运行两种操作模式;第五章介绍 MCS-51 系列单片机的主要特征、最小系统的概念及组成;第六章分别以 51 单片机内部各功能模块为基础,描述片内基本模块的组成、初始化方法以及对应的编程实验。本章节后半部分介绍了 SPI 接口的外围芯片编程实验实例;第七章、第八章以 I^2C 总线为重点,介绍总线的结构、通讯协议、工作时序与模拟编程以及三种具有 I^2C 总线接口的外围芯片编程实验;第九章介绍了 128×64 LCD 点阵式液晶显示模块编程与应用;第十章介绍单总线智能传感器(18B20)的接口编程实验等;第十一章介绍在 DP-51PROC 硬件平台进行各项综合类设计的设计题目。

最后以附录形式提供了 I^2C 总线的通讯协议子程序库(汇编和 C 语言)、MCS-51 单片机的指令系统表,这些资料可以为读者在不具备 I^2C 总线接口的 MCS-51PROC 单片机编程时提供参考。

教程的基础实验中所给出的参考程序以汇编语言为主。从汇编语言入门是比较科学的方法。汇编语言与机器语言一一对应,采用汇编指令编程可准确掌握单片机的内部结构与工作过程。汇编语言实时性好、代码利用率高,特别是在一些要求实时性较强的场合其特点更明显。当然,从工程角度出发,用 C 语言编程具有编程速度快、算法丰富、可移植性好和实用性强等特点,因此教程中也给出与汇编语言相对应的 C 语言参考程序,只要具备 C 语言基础就可方便地掌握 C51 编程方法。我们提倡在熟练掌握汇编语言的基础上再用 C 语言编程或将两者结合起来,这样效果更好。

单片机是硬件工程师必须掌握的专业工具。如何在较短时间内学习、掌握单片机知识一直是读者关心的问题。总结多年教学、科研经验,我们认为学习内容分两部分:一是单片机本身的内容,包括硬件模块、汇编指令、C51 语言编程;另一方面是接口设计,这需要读者尽量多地了解新型接口器件、多实践、多编程。从另一角度讲,单片机学习是无止境的,随着新器件、新知识的不断出现,我们必须不断学习才能适应发展、提高自身水平。

对于无实验室条件的读者,建议自己构造一个单片机最小系统,添置必要设备(仿真器、编程器等),应当提醒读者:在选购、使用仿真器前一定要先了解它所支持的运行软件、语言以及仿真器对各端口、引脚使用的限制(端口的开放程度)等。编程器是用于将调试好的目标文件(.HEX)烧写到单片机内部 ROM 的工具。当然,读者也可以选择廉价的"在线编程"小模块实现程序的调试、下载和在线编程。只要具备程序调试环境，成功只是时间问题。

本书由陈育斌任主编，秦晓梅任副主编，具体分工如下：第一章、第二章由贾凤英编写，第三章、第四章、第五章由秦晓梅编写，第六章、第七章、第八章、第九章、第十章和第十一章由陈育斌编写。全书由陈育斌总体规划和统稿。

本教程经过多个学期的试用，给出的实验参考程序在 DP-51PROC 综合实验台上均已调试通过。由于水平有限，编写中如有错误敬请读者谅解。

所有意见和建议请发往：dutpbk@163.com

欢迎访问我们的网站：http://www.dutpgz.cn

联系电话：0411-84707492　84706104

编　者

2011 年 3 月

目 录

第1章

单片机实验系统简介

 知识导入

　　学习单片机知识离不开单片机实验系统,通过单片机实验系统将书本上的理论知识付诸实践。因此,单片机实验系统是学习、掌握单片机知识的一个重要工具。

1.1 实验系统的构成

单片机实验系统由硬件调试平台和调试软件两大部分构成。

1.1.1 硬件调试平台

单片机实验系统的硬件调试平台由以下三个部分构成:

(1)计算机系统

计算机系统也称"上位机",计算机系统对机器资源的最低要求如下:

- 具备 COM 口(9 针 RS-232 串行通信接口)的台式机或便携式笔记本电脑;
- 具备 Pentium、Pentium-Ⅱ 或兼容的微处理器;
- Windows 95 、Windows 98 、Windows 2000 或 Windows XP 操作系统;
- 至少 16 MB 的 RAM 空间;
- 至少 20 MB 的硬盘空间。

(2)DP-51PROC 单片机综合仿真实验台

　　该实验台是可以实现单片机各种外围接口实验的硬件调试平台(如图 1-1(a)所示)。实验台共有约 30 个外围模块,可以实现并行接口、各种同步串行接口的编程实验。实验台设有 128×64LCD 点阵显示、I^2C 接口、一线制(温度传感器)接口和 SPI 等多种接口芯片的编程实验,同时还具备直流电机、步进电机、继电器、语音芯片、接触式和非接触式 IC卡、USB 接口等实验模块。实验台通过 40 脚插座(U13)与仿真器连接,实现对程序各种不同模式的调试和运行。功能模块的详细描述见教程后面的附录 4。

(3)TKSMonitor 51 仿真器

　　下面介绍基于 Keil 环境下的 TKSMonitor 51 仿真器(参见图 1-1(b)所示)。

仿真器单独供电(+9 V),仿真器内部由一个三端稳压器 7805 为其内部提供+9 V 电源。仿真器内部由一个可在线编程的单片机 P87C52X2BN 和一个 64 K 的 SRAM(静态存储器）构成。与 DP-51PROC 实验台（目标板）的连接、运行，可以按两种工作方式操作：

①DP-51PROC 的在线调试、运行模式

在这种模式下，上位机、仿真器和 DP-51PROC 实验台连接在一起（如图 1-1（c）所示），在这种工作模式中，TKSMonitor 51 仿真器上行与上位机 COM 口连接（采用 RS-232 信号标准），下行由 40 线的扁平电缆与 DP-51PROC 实验台上具有锁定功能的 40 脚 U13 插座连接。其电源由 DP-51PROC 实验台提供。在 Keil 软件的环境下实现对实验台上相应模块程序的动态调试、运行。这种模式，上位机与 DP-51PROC 实验台之间的信息交换是通过 TKSMonitor 51 仿真器中的监控程序 MON51 进行协调工作的。当初次使用 TKSMonitor 51 仿真器时，先要通过微机系统运行一个 DPFlash 程序（仿真器厂家提供），将监控程序 MON51 下载到 TKSMonitor 51 的 Flash 中（地址从 0000H 开始）。这样，在上位机的 Keil 软件环境下，通过调用 TKSMonitor 51 仿真器的 Flash 中监控程序 MON51 实现对目标模块的调试操作。在这个过程中可以运用各种方法（单步、断点或连续运行），通过对各种变量（寄存器、内存单元）的监控完成程序的调试工作。

(a)DP-51PROC 单片机综合仿真实验台

(b)TKSMonitor 51 仿真器

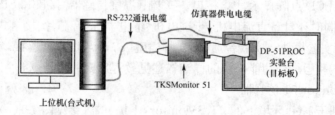

(c)DP-51PROC 的在线调试、运行模式示意图

图 1-1　DP-51PROC 和 TKSMonitor 51 介绍

在这种工作方式中,仿真器中的存储资源如图 1-2 所示,应当注意的是,用户的目标程序起始地址不是 0000H,而应临时改为 8000H,数据区从 C000H 开始对应。中断矢量的位置也要做相应的调整:INT0 中断的矢量单元 0003H 要改为 8003H(其他的矢量入口类同),这是因为在 TKSMonitor 51 仿真器的 Flash 中,0000H~7FFFH 的空间已经被 MON51 监控程序所占用。所以,当实验系统处于在线调试、运行模式时,用户的程序代码中的起始地址都要由原来的 0000H,修改为 8000H,当整个程序调试成功后,在需要真正下载到单片机(或采用脱机 Flash 模式)时,将用户的目标程序的起始地址(包括中断向量等)恢复到从 0000H 开始对应的位置上。

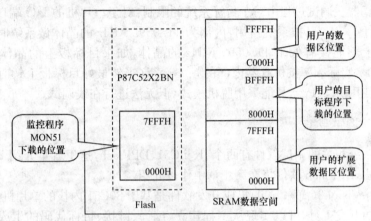

图 1-2　在线调试模式下仿真器内部存储器资源分配示意图

应当说明的是,监控程序 MON51 是被下载到仿真器内部的 Flash 中,所以,一旦下载成功后监控程序会一直保留(掉电不丢失),除非需要刷新 Flash 中的程序;而用户程序会因为存储在 SRAM 中,一旦掉电,便会丢失。

②DP-51PROC 的脱机下载 Flash 模式

这种工作模式是在已经通过上述 DP-51PROC 在线调试、运行模式操作后,程序的功能正常时,对用户程序的一种"验证性"运行方式。

在这种工作方式中,首先利用上位机的 DPFlash 程序将用户的目标程序直接装载到 TKSMonitor 51 仿真器中的 Flash 中,取代仿真器原来的监控程序 MON51 而实现对目标板的控制。此时,将仿真器与上位机脱离,只与目标系统相连接(如图 1-3 所示)。

🐾注意　用户程序是下载到仿真器 Flash 中的 0000H~7FFFH(32 K)单元,所以用户的目标程序起始地址和中断矢量必须恢复到程序只读存储器的以 0000H 开始的单元(如图 1-4 所示)。

在物理位置上,脱机 Flash 运行实际上是直接借用了仿真器中单片机和存储器的资源来临时取代实验台(目标板)上的单片机,完成程序的运行。由 TKSMonitor 51 仿真器和实验台(目标板)临时构成一个用户产品的样机,这也是单片机开发的最后一个验证调试过程。

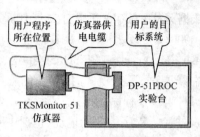

图 1-3　脱机下载 Flash 模式示意图

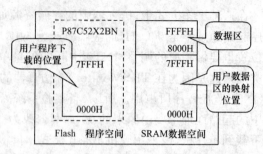

图 1-4　脱机模式存储器资源分配示意图

注意仿真器在调试过程中对于目标系统的限制：对于单片机的 I/O 端口引脚 P0、P2 和 $P_{3.0}$、$P_{3.1}$、$P_{3.6}$、$P_{3.7}$ 已被系统占用，内部为 11.0592 MHz 的晶体做系统时钟。在线调试时目标板上不能接有低于 11.0592 MHz 的晶体，如果目标板上的晶体等于或高于 11.0592 MHz，实际频率按仿真器内部的频率运行（当然最好目标板上暂时不接晶体）。如果用户要使用 $P_{3.0}$、$P_{3.1}$，只能采用脱机模式，但无法进行在线调试。

1.1.2　调试软件

与实验系统相关的调试软件有两个：KeilC51、DPFlash，这里着重介绍 KeilC51 的性能和使用方法，DPFlash 软件将在第 4 章中作以介绍。

KeilC51μVision2（简称 Keil）集成开发软件是基于 80C51 内核的单片机开发平台，内嵌多种标准的开发工具，可以实现从工程建立、编译、链接、目标代码的生成、软件仿真、硬件的在线调试等完整的开发过程。其中，内嵌的 C 编译器是目前在生成代码的准确性和效率方面都是处于较高水平的。系统支持汇编和 C 语言编程，可了解 Keil 的启动画面（如图 1-5 所示）。

Keil 软件的运行方式有两种，模拟仿真（不需要仿真器，程序从 ROM 的 0000H 单元开始）和在线调试（借助于仿真器调试运行）。可以通过 Keil 程序菜单栏中的"Project"项，在其下拉菜单中选择"Option for Target 'Target 1'"，在 Target 界面下选择 Debug（如图 1-6 所示），其中"Use Simulator"为纯软件模拟仿真模式（也是系统运行的默认模式），"Use"为在线调试模式。

图 1-5　Keil 的启动画面

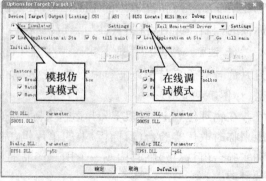

图 1-6　Target 下的两种运行方式选择

1.2　实验系统的三种运行模式

实验系统具有不同的三种运行模式。按照其开发顺序与过程分别介绍模拟仿真(Use Simulator)模式、在线调试(Use)模式以及脱机运行模式。

(1)模拟仿真(Use Simulator)模式

在这种模式下利用上位机运行 Keil 软件，实现用户程序的编辑、编译(包含语法检查)，不需要仿真器和目标系统(实验台)，因此，这种方式适合于工程设计的准备阶段，由于它不需要仿真器和硬件目标平台环境的支持，因此，可以在任何一个具备 Windows 操作系统的微机系统上运行 Keil 软件，以实现对工程的建立、管理，源程序的编辑和编译，通过对源程序的编译完成对程序的语法检查。

(2)在线调试(Use)模式

在这种模式下，上位机(具有 COM 口的台式机或笔记本电脑)、仿真器(TKSMonitor 51)、目标系统(DP-51PROC 实验台)构成一个整体(如图 1-1(c)所示)。在程序的调试过程中，Keil 软件不仅可以完成对目标程序的编辑、编译(语法检查)等，还可以实现用户程序在目标系统上的运行，而且可以利用"单步"、"断点"和"观察变量"等方法和手段对程序进行跟踪调试，在上位机的屏幕上将程序的各种状态、变量数据进行显示，使程序运行的整个过程"透明化"。

应当注意，与模拟仿真模式不同，在线调试模式下，使用者必须按照仿真器的要求来设定调试环境的参数，否则仿真器无法正常进行工作，调试环境参数如用户程序的起始地址、数据区的地址等。使用 TKSMonitor 51 仿真器进行在线调试时，用户的程序是下载到仿真器中 SRAM 存储器 8000H 开始的单元，而不是 0000H，所以要对用户程序相关的 ORG 伪指令进行修改(用户原有的程序起始地址应临时修改为 8000H)，而仿真器中的监控程序(MON51)占据着 0000H 开始的单元(如图 1-2 所示)。

在线调试模式下，用户的目标程序是在监控程序的控制下运行，并将程序的各种参数传至上位机的屏幕上显示，为编程者提供运行、调试的信息。

当用户的程序调试工作结束，并要将最终程序代码烧写到用户单片机芯片之前，不要忘记将调试时的程序入口地址恢复到正常值(ROM 的 0000H 开始的单元)，并重新编译，将编译后的十六进制文件(.HEX)烧写到用户单片机芯片中。

在线调试的系统连接见图 1-1(c)(DP-51PROC 的在线调试、运行模式示意图)。

(3)脱机运行模式

此模式脱离上位机，由仿真器和目标系统构成(参见图 1-3)。由于脱离了上位机，系统非常方便被带到应用现场进行程序功能的进一步验证。因为是将在线调试模式中调试通过的程序代码文件(.HEX)直接下载到仿真器的 Flash 中从 0000H 开始的单元(取代原有的监控程序 MON51)，所以用户程序的起始地址和中断向量应恢复为 0000H 单元开始的地址。工作时，仿真器全速运行 Flash 中的用户程序，即由仿真器临时取代目标板上的单片机，通过这种方法来进一步验证程序的运行状态。脱机 Flash 模式的系统结构参见图 1-3(脱机下载 Flash 模式示意图)。

第2章

KeilC51 使用简介

 知识导入

　　Keil 调试软件具有非常强大的调试功能,这里通过使用 Keil 软件对一个开发过程做一个较详细的描述,以便于读者快速了解、掌握 Keil 软件的特点和使用步骤,建立正确使用 KeilC51 集成调试软件的基本概念。

2.1　创建一个 KeilC51 调试环境

　　KeilC51 集成开发软件是采用"工程"方法而不是使用单一程序文件的形式来管理文件的。所有的文件(包括源程序,如 C 语言或汇编语言程序、头文件甚至说明性的技术文件)都是包含在一个"工程项目"文件里进行统一管理。

　　使用"工程"方法来调试程序可以简化操作、方便调试,如在初次建立工程时所设置的调试参数在工程管理中是自动保存的,在后续的操作中节省了重新建立调试参数的麻烦,只要直接打开以前建立的工程(注意,不是直接打开用户文件)就可以直接进行调试了。使用 KeilC51 的读者应当适应和习惯这种文件的管理方法。

　　在调试一个程序的时候,往往要设置相关的调试参数(详见后续部分)。当编程者需要临时退出调试时,工程管理器会将对应的参数一同保存下来,当编程者重新调试程序时不是打开程序文件,而是直接打开该工程,这样打开的工程中依然会保留上次调试环境的各项参数,给调试者带来了很大的方便,这一特点需要读者注意。

注意

- 一个用户程序要单独由一个工程项目来管理(单独的一个工程名);
- 每一个工程要单独占用一个文件夹;
- 工程所在的文件夹,建议不要使用中文命名并避免长字符做文件名。

使用 KeilC51 集成调试软件来建立自己的一个工程项目要经过如下几个步骤:

(1)建立一个工程项目;

(2)为工程选择一个目标器件(如选择 AT89C51);

(3)为工程项目设定相关的软件和硬件的调试环境(如纯软件仿真或在线调试等);

（4）创建源程序文件并输入、编辑源程序代码（汇编格式或 C 语言格式）；

（5）保存所创建的源程序项目文件；

（6）把源程序文件添加到项目中（同时指明程序文件的格式：汇编格式或 C51 格式），具体方法详见后续内容。

2.2　新建一个工程项目

2.2.1　运行 μVision2 软件

双击桌面上的 KeilC51 快捷图标，运行 KeilC51 调试软件。注意，不同情况下打开 KeilC51 程序时的界面往往是不同的，一般总是启动该软件前一次所处理的工程（如图 2-1所示）。在这种情况下可以选择工具栏中的"Project"选项中的"Close Project"命令，关闭该工程（如图 2-2 所示）。

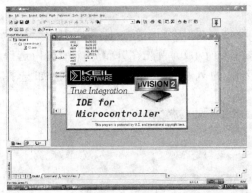
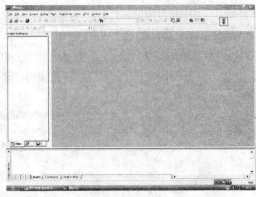

图 2-1　KeilC51 运行时打开前一次的工程　　　图 2-2　利用"Close Project"命令关闭工程

2.2.2　建立新工程

选择工具栏中的"Project"选项中的"New Project"命令，建立一个新的 μVision2 工程（如图 2-3 所示）。

这里需要完成下列操作：

（1）为工程起一个名字，具有一定的意义（不要使用中文名），不要太长（保存类型可按默认处理）；

（2）选择本工程所存放的路径，注意在某一个盘符中为该工程单独建立一个文件夹（不要使用中文名），以便于将本工程所需的所有文件都保存在该文件夹中且不与其他工程的文件相混淆。

【举例】　选择工程目录为：D:\51\Led_Light，输入项目名称：Led_Light 后单击"保存"按钮后返回（如图 2-4 所示）。

 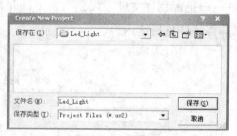

图 2-3　利用"New Project"命令建立新工程　　　　图 2-4　新建并选择合适的路径保存该工程

2.2.3　为工程选择目标器件

当完成保存工程项目后，会弹出器件选择窗口（如图 2-5 所示），该操作是为工程指明最终所使用的单片机型号。尽管都是 51 系列单片机，但不同厂家、不同型号的单片机其内部硬件资源、相关硬件参数是不同的，μVision2 软件会根据所选择的器件来调用、管理硬件资源，协调程序的运行。

当然，对于器件的选择也可通过 μVision2 软件界面中的 Project 任务栏中的"Select Device for Target 'Target 1'"命令来完成（如图 2-6 所示）。首先在"Data base"窗口选择器件生产厂家并双击，此时会出现该厂家产品的列表，用鼠标单击即可。如选择 AT89C51（如图 2-7 所示）。

图 2-5　为 μVision2 选择工程器件

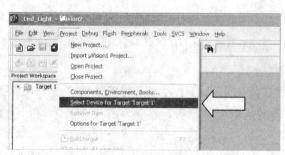 

图 2-6　利用"Select Device for Target 'Target 1'"选择器件　　　图 2-7　选择 AT89C51 单片机

注意　在新建的工程中会自动产生一个文件 STARTUP. A51,这是一个 C51 编译器的设置文件。

(1)如果使用汇编语言编程要将其删除(使用鼠标右键点击后选择"Remove File "项移除即可);

(2)若使用 C51 编程(且采用在线调试模式时)应将其保留并要对该文件的一条语句做修改(与仿真器有关,可参见第 3 章内容),将该文件第 91 行,CSEG AT 0 修改为CSEG AT 8000H,即将程序代码段定义为 8000H 开始的单元。如果采用脱机模式则不用修改,按照 CSEG AT 0 处理。

2.2.4　为所创建的工程建立程序文件

到现在为止,我们已经建立了一个空的工程项目"Led_Light. uv2",并为该工程项目选择了目标器件。但是,现在这个工程项目还是一个空的,必须将程序文件建立起来。

选择 File 任务栏中的 New 命令(如图 2-8 所示),窗口便会出现新文件窗口 Text1(如图 2-9 所示)。

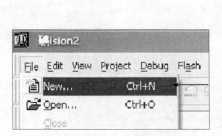

图 2-8　利用 File 任务栏中的 New
　　　　命令建立程序文件

图 2-9　执行 New 命令后弹出的 Text1 新文件窗口

2.2.5　编辑程序源代码

在 μVision2 中的 Text1 窗口中,与其他文本编辑软件一样,用户可通过拷贝、粘贴、输入、删除、选择等基本的文字处理命令实现对程序源代码文件的编辑(如图 2-10 所示)。应当注意,μVision2 支持汇编语言(* . asm)和 C 语言(* . c),所以在后面的存盘操作和向工程添加文件时应当通过文件类型指明。现以 led_light. asm 为例输入该汇编语言源程序的文件,该程序清单如下:

```
        org     0x8000
        ljmp    0x8100
        org     0x8100
start:  mov     sp,#60h         ;主程序
        mov     a,#0fh
light:  mov     p1,a
        cpl     a
```

```
        nop
        lcall   delay
        sjmp    light
delay:  mov     r7,#00h         ;延时子程序
delay1: mov     r6,#00h
        djnz    r6,$
        djnz    r7,delay1
        ret
        end
```

这是一个简单的、使用端口输出的程序。利用单片机的 P1 端口作输出口不断地输出"0FH"和"F0H",两个状态之间转换的时间由一个延时子程序 delay 来控制(关于单片机的端口编程详见后续内容)。

P1 口的输出状态可以使用 DP-51PROC 实验台 D1 区域的 LED 显示电路来观测。

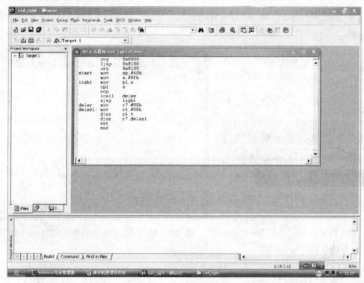

图 2-10   用户编辑的程序文件

2.2.6　保存文件

当程序文件输入完成后,就可以保存该文件了。存盘时要注意文件的类型(汇编或 C 语言),这是通过文件的扩展名来指定的。程序文件的存储路径要与其工程路径一致。注意,在保存文件后程序代码的颜色会发生变化,即关键字变为蓝色(如果看不出变化可使用鼠标将文件窗口上下拖动一下)。建议程序文件名与工程名相一致,以便于程序的管理与交流。

2.2.7　将程序文件添加到工程项目中

到目前为止只是完成了程序源代码的输入和保存,但该程序与工程项目并没有发生任何联系,在屏幕左端的工程窗口看不到该文件(如图 2-11 所示),需将程序代码添加到

工程中构成一个完整的工程。

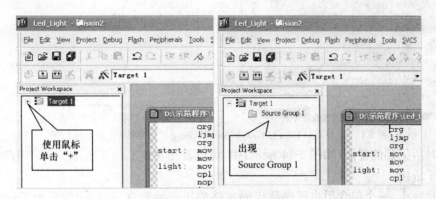

图 2-11　调出 Source Group 1 显示

在 Project Workspace 窗口中(如果窗口中没有 Project Workspace 窗口,可在菜单栏中选择"View"命令,并在其下拉菜单中选择"Project Workspace"即可),先用鼠标点击Target 1 左边的"+",将 Source Group 1 显示出来(如图 2-11 所示),然后使用鼠标右击Source Group 1,出现一个快捷菜单(如图 2-12 所示),选择"Add Files to Group 'SourceGroup 1'"(向工程添加源程序文件)命令,出现图 2-13(a)所示界面,在"文件名"一栏输入程序名及属性。并通过"文件类型"栏选择为汇编格式(图 2-13(b)所示)或 C 语言格式,最后点击"Add"后再点击"Close"退出。

这里特别要强调的是:系统默认的文件类型是 C51 文件格式,如果用户使用的是汇编格式文件就一定要将文件类型修改为汇编格式(. asm 格式),否则在后续的编译时会出错!

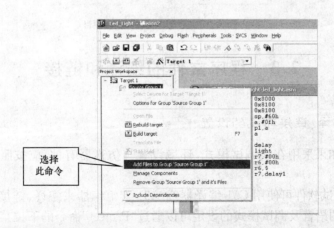

图 2-12　选择"Add Files to Group 'Source Group 1'"命令将程序添加到工程

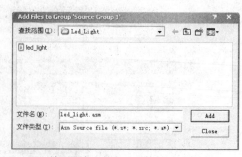

(a)开始时不会显示创建的程序名　　　　　(b)输入程序文件名和文件属性(＊.asm)

图 2-13　选择 Add Files to Group ′Source Group 1′命令将程序添加到工程

这时所见到的界面(如图 2-14 所示)中,可以看到在该工程下已经与一个用户程序文件实现了链接。

到此为止,一个包含用户程序源代码文件的工程就建立完成了,后面的工作就是要进行相应的文件编译、链接和调试,这些内容在下面的章节中进行介绍。

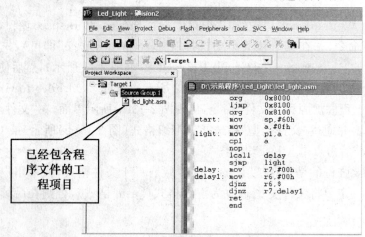

图 2-14　已经包含程序文件的工程项目

2.3　程序文件的编译和链接

2.3.1　编译、链接环境的设置

应当注意:如果采用在线调试模式,环境设置与仿真器有关,应按照仿真器的约定设置。

μVision2 调试软件可使用 C51 编译器或 A51 宏汇编器来编译、链接用户程序。运行的环境、使用的语言及调试模式的设定可以通过"Project"命令的下拉菜单中 "Options for Target ′Target 1′"命令来设定(如图 2-15、图 2-16 所示)。

如不能出现图 2-16 中含十个选项卡的界面,则退出,重新进入"Options for Target ′Target 1′"。如果使用汇编格式编程则需填写三个选项卡,若采用 C51 编程则需填写四个选项卡。

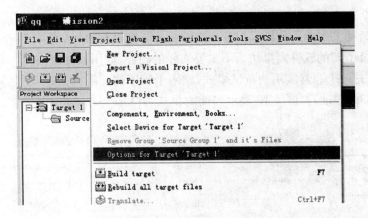

图 2-15　通过"Project"菜单的"Options for Target 'Target 1'"命令来设置工作模式

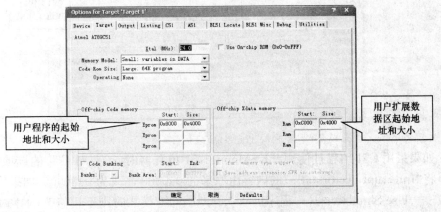

图 2-16　设定 Flash 中的起始地址和大小

• 第一个选项卡："Target"选项卡。设定用户的目标程序、数据存储器的起始地址。如果使用 TKSMonitor 51 仿真器且采用在线调试模式，要修改参数，分别设置为：0x8000、0x4000 和 0xC000、0x4000，这与仿真器的结构有关。如果采用模拟仿真模式，则不用修改（如图 2-16 所示）。

• 第二个选项卡："Output"选项卡。选择"Create HEX File"（产生十六进制目标文件）选项，这样，系统对程序文件进行编译、下载时，会自动地生成十六进制的目标代码文件（如图 2-17 所示）。

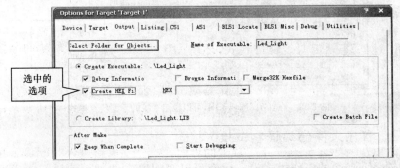

图 2-17　在 Output 选项卡中选中"Create HEX File"选项

• 第三个选项卡："Debug"选项卡。设定系统的不同工作模式。从图 2-18 中可看出 μVision2 的两种工作模式分别是"Use Simulator"（模拟仿真）和"Use"（在线调试）。其中"Use Simulator"的软件模拟仿真不需要实际的硬件，调用软件来模拟 80C51 控制器的许多功能，这是一个非常实用的调试模式，常用于程序的前期调试（主要是完成语法检查以及部分功能的验证）。图 2-18 显示当前的模式为"Use Simulator"，即软件模拟仿真的工作方式。

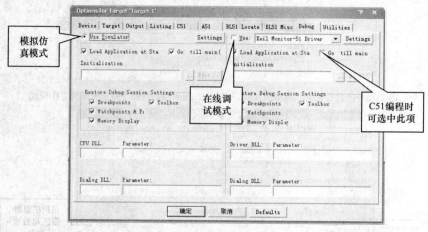

图 2-18　设定系统的不同仿真模式

• 如果采用 C51 编程且使用 TKSMonitor 51 仿真器时，还要对 C51 的选项卡进行设置。将"Interrupt vectors at a"的内容由原来的 0x0000 修改为 0x8000。如果采用"模拟仿真——Use Simulator—— 程序仍从 0x0000 开始"模式时则不用修改（如图 2-19 所示）。

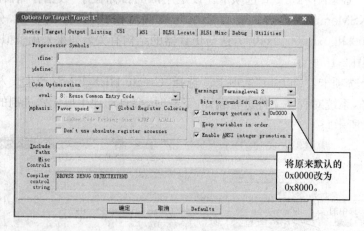

图 2-19　在"C51"选项卡中，可以设定系统的不同仿真模式

2.3.2　程序文件的编译和链接

当完成 μVision2 的工作模式设定后就可以对程序文件进行编译了。通过"Project"

下的"Build target"命令对文件进行编译，当然也可以使用"Rebuild all target files"命令对此工程下的所有文件进行编译(如图 2-20 所示)。

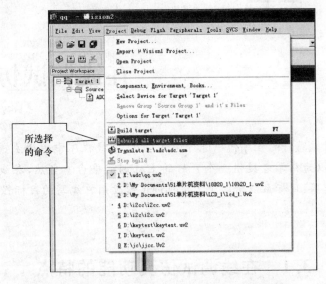

图 2-20　通过"Rebuild all target files"命令进行编译

编译命令执行后会在界面下端的"Output Windows"窗口显示出相关的信息(如图 2-21所示)。

图 2-21　"Output Windows"信息输出窗口

如果程序文件存在语法错误，就会显示出相关的错误信息，使用鼠标双击错误信息提示时，就会在程序文件中的错误语句行上出现一个箭头标志提醒编程者(参见后续的图 3-12、图 3-13)。

至此，一个完整的工程项目"Led_Light. uv2"已经完成。当然，一个好的、经得起考验的程序不是仅仅只通过简单的软件仿真调试就可以完成的，它还需要在线调试以及反复验证、现场调试的过程。因此，利用 μVision2 调试软件所提供的各种方法、命令，借助于 DP-51PROC 实验平台(或用户自行焊接的目标板)可以高效地完成对工程项目的综合调试。实验室条件下，利用 DP-51PROC 实验台可以为学生的学习提供一个非常便利的实践平台。

第3章

在线调试仿真功能

 知识导入

　　针对如何对编写好的程序代码进行调试、如何寻找程序中的语法错误和逻辑错误,在线调试可以为初学者提供一个良好的上机调试平台。当然,在线调试必须依附于硬件的仿真器、目标系统借助于上位机调试修改用户编写的目标程序。

3.1　在线调试仿真功能的特点

　　所谓的在线调试仿真功能是指:运行上位机 Keil 集成调试软件,借助于 TKSMonitor 51 仿真器中的 MON51 监控程序来调用用户的程序(存放在仿真器的 SRAM 中)的方式。在大多数场合下,用户的程序是通过目标板(或实验台)来验证的(参见图 1-1)。

　　在线调试的最大优点是可以在程序的调试过程中跟踪、观察程序的运行状态、相关变量的变化过程,使程序的运行尽可能透明化。这对于初学者学习、调试和修改程序来说是一个非常重要的手段和必须掌握的环节,这也是本门课程和本教材采用的主要方法。

　　但仿真模式也存在一定的局限性,这主要与所使用的仿真器有关。所以,在选择仿真器时一定要注意它的特点和局限性,这一点对于初学者来说往往容易被忽略。

3.2　进入调试状态

　　要进入调试状态,不仅要正确地进行硬件设备连接,还应当将 MON51 监控程序下载到仿真器 TKSMonitor 51 的 P87C52X2 内部 Flash 中,因此需要借助于上位机中的 DPFlash 软件,将 MON51 从上位机下载到仿真器中。

3.2.1　实验系统的硬件连接

　　首先将仿真器左侧的 COM 口与上位机的 COM 口连接,仿真器的另一端通过 40 线电缆与 DP-51PROC 上的 U13 插座连接,注意连接的方向并锁紧 U13 上的仿真头(如图 3-1 所示),其连接关系可参照图 1-1。然后注意,在 U13 左侧的 ISP 跳线 JP14 应当是"跳开"状态(不连接)。仿真器左上角的电源插座使用专用的电源连接线与实验台连接,实现对仿真器的供电。

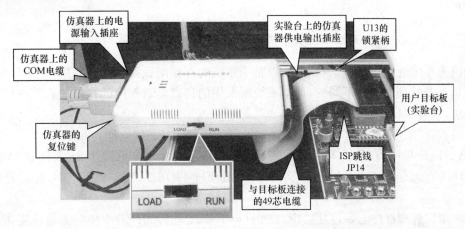

图 3-1　TKSMonitor 51 以及"LOAD"、"RUN"选择开关

3.2.2　下载监控程序 MON51

首先将仿真器上的模式选择开关置于"LOAD"位置(参见图 3-1),再按一下仿真器左侧的复位键,这样仿真器就进入了下载状态。然后运行上位机的 DPFlash 程序(如图 3-2所示)。点击界面上的"编程"按钮,出现一个编程窗口(如图 3-3 所示),选择"编程 MON51"并点击"编程"按钮。

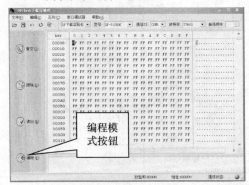

图 3-2　DPFlash 程序的运行界面

图 3-3　下载监控程序 MON51 时的界面

此时会出现下载的蓝色进度条,并很快完成监控程序 MON51 的下载,点击"退出"按钮,结束监控程序的下载操作。如果下载时出现"串口出错"或不出现下载进度的显示,请重新检查仿真器上的模式开关是否置于"LOAD",并复位一次仿真器。

由于监控程序 MON51 是下载到仿真器中单片机 P87C52X2 内部的 Flash 中,所以除非修改 Flash 的内容,否则监控程序将一直保留在 Flash 中(无论是否断电)。所以监控程序的下载操作并不是每次调试程序时都要进行,这一点使用者应当注意。

3.2.3 进入在线仿真调试状态

当完成监控程序的下载后,将仿真器上的模式选择开关置于"RUN"(参见图 3-1)并按动一次仿真器的复位开关,此时仿真器处于运行(RUN)监控程序状态,系统进入仿真调试模式。

3.2.4 在线仿真调试状态下的存储器分配

因为系统处于仿真调试状态,所以整个系统的存储配置是各不相同的,应当注意,不同的仿真器处理方式是不同的,如本系统所采用的仿真器对程序的存储位置就有较特殊的要求,这多少反映出它的局限性:

(1)监控程序:在仿真器内部 P87C52X2 的 Flash 中(起始地址 0000H);

(2)用户程序:在仿真器内部的 SRAM 中,详细的配置参见图 3-4。要注意的是,用户程序的存储位置是 SRAM 的 8000H～BFFFH 共 16 K 的空间里。这里要提醒编程者:

• 用户的源程序起始地址要由 0000H 临时修改为 8000H,5 个中断矢量也要作相应的位移(如 8003H、800BH、……、8023H 等);

• 尽管 SRAM 提供了 16 K 的用户存储空间,但是要注意项目中所选择的实际目标器件 ROM 容量,编写程序代码不要超过实际目标器件的存储容量,这一点在使用 C 语言编程时尤其重要。

(3)用户的扩展数据区在 SRAM 的 0000H～7FFFH(32 K)和 C000H～FFFFH(16 K)。

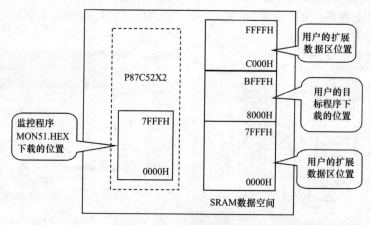

图 3-4 DP-51PROC 内部存储器资源分配示意图

3.3 调试前的准备工作

3.3.1 硬件环境的建立

• 将仿真器、DP-51PROC 实验台和上位机连接起来(具体方法参照 3.2.1 和图 3-1、图 1-1);

•将整个系统上电(注意仿真器的电源供电是使用一个专用导线供给的,如图3-1所示),这样就为仿真器准备好了硬件条件;

•按照3.2.2章节的内容下载监控程序MON51到仿真器中(如果已经下载过,可以省略此步骤)。

3.3.2　软件环境的设置

软件环境的设置,可参照前面2.2章节和2.3.1章节的内容操作。

首先双击屏幕上的μVision2图标,进入Keil集成调试软件(参见2.1章节),选择菜单栏中的"Project",在其下拉菜单中选择"Options for Target 'Target 1'"。要设置的内容包括:

(1)设置"Target"选项卡(如图 3-5 所示),设置用户程序的起始地址。

由于系统处于在线调试仿真模式,且监控程序已经占用了 Flash 的 0000H 开始的单元,所以用户程序的存储地点为 SRAM 的 8000H 开始的单元。在选项卡中的"Off-chip Code memory"选项区域的 Eprom 选项中填入 0x8000、0x4000,在 Ram 选项中填入 0xc000、0x4000 等参数(如图 3-5 所示)。

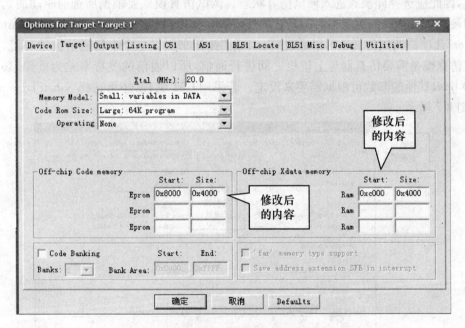

图 3-5　"Target"选项卡的设置

(2)设定"Output"选项卡(如图 3-6 所示)。

在"Create Executable"内容中选中"Create HEX File"项。

(3)设置"Debug"选项卡,在这里主要设置 Keil 的运行模式(如图 3-7 所示)。

其中:"Use Simulator"为纯软件仿真模式,它只能对程序中的语法和结构作一般性的分析,与具体的硬件没有联系;"Use"为硬件仿真模式,这种方式适合系统的在线调试

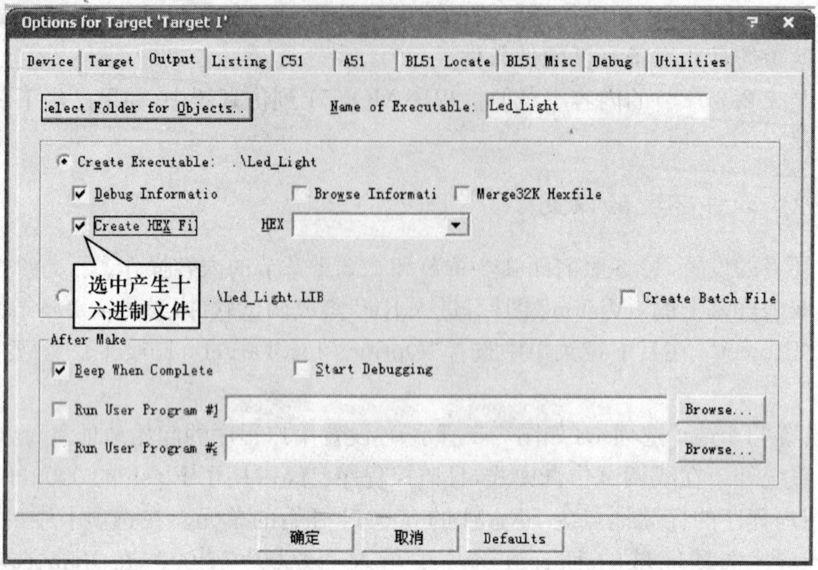

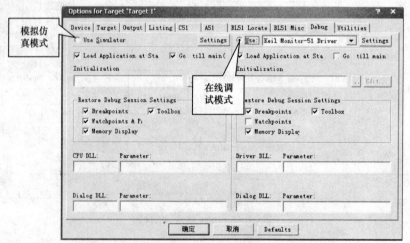

图 3-6   在"Output"选项卡中选中"Create HEX File"选项

模式,因此应选择此模式进入调试仿真状态。调试仿真模式要根据所选的驱动而选择不同的硬件仿真模式。对于本实验系统的 TKSMonitor 51 仿真器应选择"Keil Monitor-51 Driver"选项。调试仿真还可以通过"Settings"按钮来提供一个串行通信设置环境,因为调试仿真模是需要仿真器与上位机之间进行通信,所以通信的波特率尤为重要,必须是9600 bps,其他的参数可根据需要来设定。若采用 C51 编程,还可选择"Go till main"项(如图 3-7 所示)。

图 3-7   在"Debug"选项卡中的模式设定

(4)设置"C51"选项卡。

如果采用 C51 编程,用户的程序是从 0x8000 的位置开始存放,需要对"C51"的选项卡进行设定,以保证 C 编译器能够将编译后的目标文件进行正确的定位(如图 3-8 所示)。

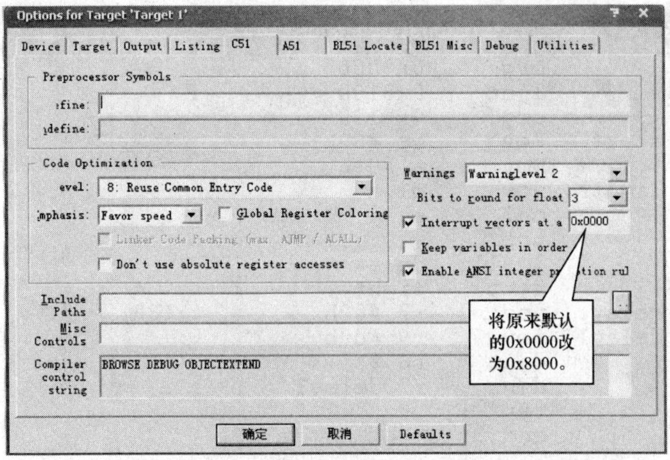

图 3-8 在"C51"选项卡中的模式设置

3.4 实例应用

以 led_light. asm 为例运用在线调试仿真模式,使用 TKSMonitor 51 仿真器在 KeilC51 的集成调试软件环境下完整地进行一次调试过程的实践,这不仅为后续的实验内容提供一个参考,同时也是本章内容的一个小结。

3.4.1 打开 Led_Light. uv2 项目工程

按照第二章所介绍的方法在"示范程序"文件夹内建立一个 Led_Light. uv2 工程项目,并将程序源文件添加到项目中(程序清单参见 2.2.5 章节)。如果工程已存在,可直接打开。这里要注意的是,因为采用的是在线调试仿真模式,用户程序要下载到仿真器 TKSMonitor 51 中 SRAM 的 8000H 开始的单元,所以原来程序清单中的起始地址(包括中断矢量)都要做相应的修改(如图 3-9 所示),得到修改后的程序清单(如图 3-10 所示)。

图 3-9 打开 Led_Light. uv2 项目工程

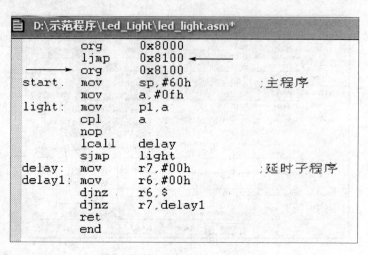

图 3-10   修改起始地址后的程序清单

3.4.2   设置工程项目的硬件、软件环境

参见 3.3.1 章节中的内容,使整个硬件系统处于工作状态;参照 3.3.2 章节的内容设置好工程项目的软件环境(主要一点是设置系统为"Use"调试仿真模式,也称在线调试模式)。

3.4.3   对原工程文件进行重新编译、链接

选择"Project"菜单下的"Rebuild all target files"命令对文件进行编译和链接,如果一切正确(没有语法错误),在信息栏中就会出现编译正确、链接成功的提示信息(如图3-11所示)。如果程序文件中存在语法错误,在编译后就会出现错误提示(如图3-12所示),此时使用鼠标双击该错误提示行,就可在程序窗口中对应的语句行上出现一个指示性箭头,提示出错的语句(参见图3-13所示),即程序中的第 7 行的 cpl a 错误地写成 cpl aa。修改后重新编译、链接即可。

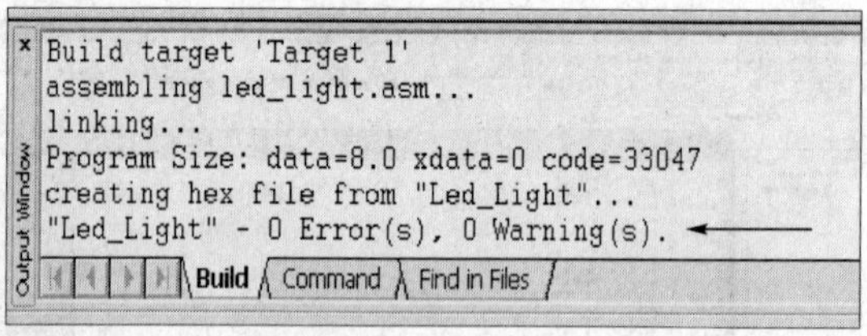

```
× Build target 'Target 1'
  assembling led_light.asm...
  linking...
  Program Size: data=8.0 xdata=0 code=33047
  creating hex file from "Led_Light"...
  "Led_Light" - 0 Error(s), 0 Warning(s).  ◄━━
  ◄ ◀ ▶ ▶│ Build ╱ Command ╱ Find in Files ╱
```

图 3-11   编译正确、链接成功的提示信息

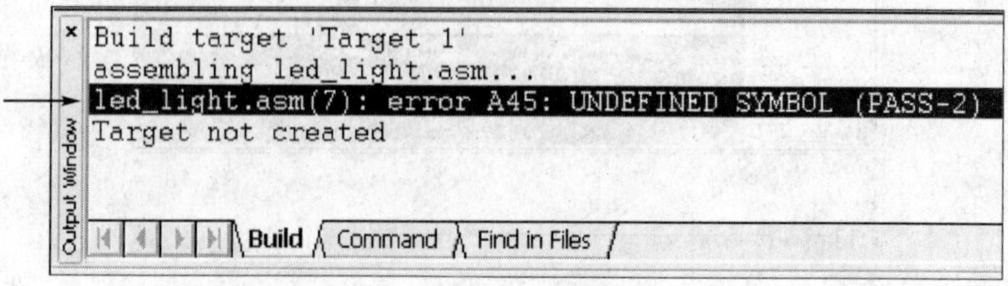

```
× Build target 'Target 1'
  assembling led_light.asm...
  led_light.asm(7): error A45: UNDEFINED SYMBOL (PASS-2)
  Target not created

  │◄ ◀ ▶ ▶│ Build ╱ Command ╱ Find in Files ╱
```

图 3-12   程序中有语法错误时的提示信息(第 7 行有错误)

图 3-13　程序中第 7 行的错误提示

3.4.4　调试状态与变量观察窗口

（1）采用汇编语言编程

当程序文件编译、链接一切正常后，就可以进行工程项目的调试仿真操作了，分两步进行。

• 下载用户程序

在"Debug"菜单下选择"Start/Stop Debugging"（启动/停止 μVision2 调试模式），使用户程序下载到 TKSMonitor 51 仿真器，并使系统进入调试状态。此时，原来的工程窗口变为寄存器窗口（如图 3-14（a）所示）。

• 设置和打开各种观察变量

为了方便程序的调试，应当在采用各种调试方法运行程序之前，首先打开与程序相关的各种观察变量，这样在调试程序的过程中可以跟踪变量的变化情况来检验程序的逻辑功能是否正确。具体方法是通过"View"菜单栏中的"Symbol Window"命令打开相关的变量窗口（如图 3-14（b）所示）。

一般来讲，寄存器、内存单元、特殊功能寄存器等变量是必须添加到窗口中来的。不同的情况其窗口显示的效果可能不同，也可通过"Window"菜单下的各种命令对窗口进行规范化排列。观察变量的添加方法可以自己实践，这里就不一一叙述了。在本工程中建议添加如下观察变量：（1）累加器 A；（2）堆栈指针 SP；（3）并行端口 P1；（4）工作寄存器 R6、R7 等。

（2）采用 C 语言编程

当源程序编译并执行"Debug"命令后有两种方法观察变量，单步方式和断点方式。

• 直接用鼠标箭头停在变量符号处，稍许片刻即可显示出当前该变量的值；

• 在"View"菜单下选择"Symbol Window"命令，弹出 Symbols 对话框（如图 3-14（c）所示），以不同的方式将变量的实际地址显示出来，配合 Memory 就可得到所需的变量值。

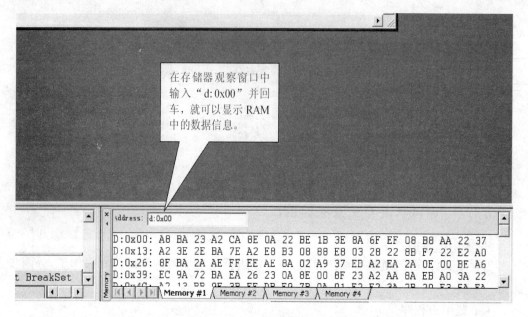

（a）调试状态下的窗口

（b）"View"下"Symbol Window"命令

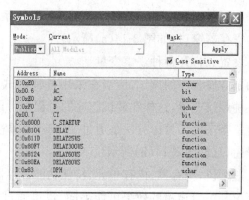

（c）Symbols 对话框

图 3-14　进入调试状态、打开观察变量

3.4.5　程序的调试运行

上小节中选择 "Debug"菜单下的"Start/Stop Debugging "命令只是下载用户程序到仿真器。要运行、调试用户程序还需要再一次运行"Debug"下的 "Go"命令来实现（或快捷命令"RUN"），这时在程序窗口中就会出现一个黄色的箭头，该箭头停在程序的第一条可执行语句上（如图 3-15 所示）。

实际上，这一次点击"Go"命令（或快捷命令"RUN"）时，运行了仿真器中的监控程序。在这种环境、状态下，用户便可以采用单步、断点或全速运行（Go 或 RUN）等各种方法来运行目标程序。

（1）跟踪型单步——Step

可使用在"Debug"菜单下的"Step"命令，也可使用 F11 快捷键，其运行特点是，每执

黄色箭头

```
D:\示范程序\Led_Light\led_light.asm
          org      0x8000
  ⇨       ljmp     0x8100
          org      0x8100
  start:  mov      sp,#60h          ;主程序
          mov      a,#0fh
  light:  mov      p1,a
          cpl      a
          nop
          lcall    delay
          sjmp     light
  delay:  mov      r7,#00h          ;延时子程序
  delay1: mov      r6,#00h
          djnz     r6,$
          djnz     r7,delay1
          ret
          end
```

图 3-15　执行"Go"命令启动调试后的 Keil 软件中程序窗口界面效果

行一次该操作,系统执行一条指令。这样配合观察变量的信息可以全面了解、观察程序中每一条指令的执行,因此适用于初学者或比较简单的程序调试。如果程序中有子程序调用的语句,该操作会进入子程序并单步执行每一条指令,直至子程序返回。应当注意的是,这种方法不适合像延时类多重循环的子程序,因为调试时间会大量消耗在多重循环中。

(2)通过型单步——Step Over

可使用在"Debug"菜单下的"Step Over"命令,也可使用 F10 快捷键。与跟踪型单步类同,主要区别在执行子程序调用语句时,会全速运行该子程序,子程序返回后程序指针停在调用语句的下一条语句。这种方法特别适合处理延时子程序的调用语句,可以避免因单步执行延时子程序所产生的时间消耗。但是有一点应当注意,通过型单步不能检查子程序的运行情况。因此要事先保证各子程序的正确性。

(3)断点方式——Breakpoint

前面的单步运行方式主要适用于初学者。当对程序的编写、调试有了一定的经验后,可以采用断点的方式以提高调试的效率。具体方法是在程序的一些"关键语句"上设置断点(根据需要可以设置多个断点),然后采用全速运行的方式运行程序。当程序运行到断点处的语句时就会停下来,利用这个"停下来"的机会来检查各个"变量"单元和程序运行的"中间结果"。这种方法快速、高效,是寻找程序中逻辑错误的最好方法。

设置断点的方法:将光标停在所需要设置断点的语句上,选择"Debug"菜单下的"Insert /Remove Breakpoint"命令设置/清除断点。当然还有一种更为简便的设置方法:在所选择的语句行上双击鼠标左键即可完成断点的设置/清除操作。

🐾 注意　鼠标的光标应选择在指令行的空白处,不要停在指令的字符里。

(4)全速运行模式——Go 或 RUN:

选择"Debug"菜单下的"Go"命令即可(注意:这是第二次运行"Go"命令)。这是在经过"单步"或"断点"等方式验证程序功能基本正常后所采用的一种方式。更确切地说,此种方式更适合具有输入、输出的工程项目(如在 DP-51PROC 上的接口实验)。通过输入或输出的状态来进一步验证、检查程序运行的结果是否符合程序的逻辑功能。

注意　在全速运行模式下,程序的各种变量、信息是无法在上位机的屏幕刷新、显示的,这一点就不如断点方式方便。

(5)停止程序的调试——Start/Stop Debugging

当使用者需要停止用户程序的运行、进行程序的再次修改(或结束程序调试)时,就必须退出调试状态。

- 如果是在单步或断点方式运行时,可以直接使用"Debug"菜单下的"Start/Stop Debugging"(启动/停止 μVision2 调试模式)命令停止调试过程;

- 如果是全速运行模式时,应当首先对仿真器进行复位。然后使用"Debug"菜单下的"Start/Stop Debugging "(启动/停止 μVision2 调试模式)命令停止调试过程。

当程序退出调试后,可以进行程序的修改等操作。如果需要重新进入调试状态,仍然是利用"Debug"菜单下的"Start/Stop Debugging "(启动/停止 μVision2 调试模式)命令来实现。

使用在线调试仿真方法可以方便快捷地运用各种手段实现对用户程序的调试,通过这些调试手段不断寻找设计上的逻辑错误,完成对用户程序的修改和完善。整个过程是在 KeilC51 程序的控制下,通过上位机所发出的各种调试命令以及所显示的各种变量、状态信息,实现对目标程序的修改、调试和运行,最终其结果是通过目标板(实验台)来验证程序文件的逻辑功能,这是单片机系统开发过程所采用的主要方法。但是在一个工程项目的实际开发应用中仅使用在线调试仿真还是不够的,还需要将程序的最终代码(＊.HEX)烧写到目标系统的单片机芯片内,使目标系统得以独立运行。

3.4.6　在线仿真调试步骤方法速查表

在第 2 章中描述了 Keil 集成调试软件建立工程的详细步骤与方法,在第 3 章又对在线调试中的相关参数设置、运行方式进行了描述。对于初学者来说,这些内容非常重要但又不太容易记忆。为了方便读者的学习,这里以一个表格的形式将工程的建立到在线调试的方法一一列出,便于编程时查阅、参考,如表 3-1 所示。

表 3-1　　　　　　　　　在线仿真调试步骤速查表

步骤	操作名称	操作内容及注意事项	参见内容
1	建立工程文件(＊.uv2)	1. 在硬盘空间中为一个工程单独创建一个文件夹,并将工程建立在此文件夹中; 2. 在创建工程中会提示为工程选择使用的目标芯片(厂家、型号等); 3. 如果采用汇编的格式编程,必须删除该工程自动创建的"STARTUP.A51"程序;如果采用 C51 编程,必须将该文件中的"CSEG AT 0"语句修改为"CSEG AT 8000H"。	参见第 2 章第 2 节
2	为工程建立一个程序文件(＊.asm 或 ＊.c)并保存	1. 建立、编辑程序文件。注意程序起始地址为 8000H 开始的单元,中断矢量也要做相应的修改(8003H,……、8023H); 2. 也可将编好的文件粘贴到编辑的窗口中; 3. 编辑完成后进行保存,默认的存储路径在该工程所处的文件夹中。注意:保存后,程序清单应当出现颜色上的区分。	参见第 2 章第 2 节

（续表）

步　骤	操作名称	操作内容及注意事项	参见内容
3	将程序文件添加到工程项目中	1. 添加的过程中要给定"文件名"和"扩展名"； 2. Keil 软件支持两种程序文件格式：汇编格式和 C 语言格式，编程者应根据需要进行设定； 3. 添加成功后在工程窗口中会显示出该程序文件。	参见 第 2 章第 2 节
4	设定在线调试环境的相关参数、填写相关的选项卡（使用 TKSMonitor 51）	点击工程菜单下的"Options for Target 'Target 1'"进行相关参数的设置： 1. Target 选项："Off-chip Code memory"中的参数：0x8000、0x4000； 2. Target 选项："Off-chip Xdata memory"中的参数：0xC000、0x4000； 3. Output 选项中"Create HEX File"； 4. Debug 选项：选择"Use"项（在线调试），如果是采用 C51 编程还应选中"Go till main"项； 5. 如果采用 C 编程，C51 选项中的"Interrupt vectors at a"内容修改为 0x8000； 6. 最后单击"确定"按钮。	参见 第 3 章第 3 节
5	编译程序文件	1. 选择"Project"中的"Rebuild all target files"，实现对程序文件的编译与连接； 2. 如果提示错误，使用鼠标双击错误提示行，这样在对应的语句上出现蓝色箭头。	参见 第 2 章第 3 节
6	下载用户的目标程序到仿真器	1. 选择"Debug"下拉菜单中的"Start/Stop Debugging"命令，将上位机中编译成功的用户目标文件下载到仿真器中。如果下载成功会在上位机的屏幕左边的"Project Workspace"中显示各个寄存器的信息。如果出现"CONNECTION TO TARGET SYSTEM LOST！"，则应当检查仿真器上的开关位置是否在"RUN"的位置上，并将仿真器再复位一次； 2. 激活调试状态：点击"Go"命令，激活调试器。此时在程序清单的第一条语句上会出现一个黄色的箭头，表明程序指针 PC 已经停留在第一条指令上。这时系统具备了执行各种调试命令的条件。	参见 第 3 章第 4 节
7	使用各种方法调试程序	1. 单步运行：分为跟踪型单步（Step）、通过型单步（Step Over）； 2. 断点方式：一种高效率的运行模式。单步与断点方式是通过观察变量来检查程序的运行结果。在调试程序中是最有效的调试手段； 3. 全速运行（Go）：这种方式可以通过相关的接口电路的运行状态来验证程序的正确性。应当说明：此时上位机的屏幕信息是停留在运行前的状态，而程序运行中的相关状态是无法显示在屏幕上的。	参见 第 3 章第 4 节
8	结束运行模式	1. 当程序运行在全速运行模式时，要想退出调试状态必须首先进行手动复位（可直接对仿真器上的复位开关操作），然后点击"Debug"下拉菜单中的"Start/Stop Debugging"命令，使系统退出调试状态； 2. 当程序处于单步或断点方式时可直接选择"Debug"下拉菜单中的"Start/Stop Debugging"命令，使系统退出调试状态（当然也可使用手动复位的方式）。	参见 第 3 章第 4 节

第4章

脱机 Flash 运行模式

 知识导入

　　脱机模式可以使用户的目标系统脱离上位机的束缚，利用仿真器中的单片机控制目标板。此时用户系统可以非常方便地带入现场。进一步验证程序和系统的可靠性。这是一种更接近于实际应用的调试方式，也是调试的最后阶段。

4.1　脱机 Flash 运行模式的特点

　　在第3章中，叙述了一个项目工程的建立、调试的过程，然而调试一个程序的最终目的是应用，要将调试好的用户程序以一个十六进制文件的形式下载（烧写）到目标系统上的单片机芯片中。在调试仿真和最终的烧写程序代码之间，可以采用一种称之为"脱机Flash"的过渡模式来进一步验证程序的功能是否完善，为最终烧写芯片做好准备。

　　在第3章中，我们将上位机、仿真器和目标系统（实验台）连接为一个整体，在KeilC51集成调试软件的控制下实现了一个工程项目的"调试仿真"。在这个过程中通过对程序文件的编译、链接和各种调试方法实现语法检查、逻辑功能验证以及程序优化等一系列操作。但是这种状态仍然是一种在线仿真模式：第一，主宰系统运行的是仿真器中的监控程序 MON51，用户程序属于被动的从属地位；第二，用户程序被临时安放在仿真器SRAM 中，且起始地址为 8000H，这样，在仿真状态下的用户程序起始地址都要临时修改为 8000H 开始的存储单元，这与实际目标系统中单片机的程序存储格式有着很大的不同。为了进一步验证调试仿真的程序文件是否满足实际应用要求，TKSMonitor 51 仿真器提供了一种接近于实际应用的运行模式——"脱机 Flash"运行模式。

　　所谓的"脱机 Flash"运行模式是指将调试仿真模式下通过的用户程序的目标代码（＊.HEX）文件直接取代仿真器中的监控程序下载到 TKSMonitor 51 仿真器中P87C52X2 内部的 Flash 中，这样，当仿真器被复位后就直接运行用户程序。这种方式的特点是目标系统脱离了上位机的 KeilC51 和仿真器中监控程序 MON51 的控制，独立运行用户自己的程序来验证程序文件的正确性。同时，由于摆脱了上位机，目标系统和仿真器可以被很方便地带到工业现场来进一步检验程序的正确性和可靠性。

4.2 脱机 Flash 运行模式的存储器配置

脱机 Flash 运行模式的存储器配置参见第 1 章中的图 1-3、图 1-4。将在线调试中"调试环境"的"Target"选项卡中设定的用户程序、数据的起始地址分别恢复为：0x0000H、0x4000H 和 0x8000H、0x4000H（参见 2.3 内容），并重新编译、下载到仿真器中。

4.3 进入脱机 Flash 运行状态

（1）首先按照 3.2.1 章节连接系统硬件。

（2）将"Target"选项卡中设定的用户程序、数据的起始地址进行修改，分别恢复为：0x0000H、0x4000H 和 0x8000H、0x4000H。原主程序中的程序起始地址、中断矢量都要恢复为从 0000H 开始定义，并进行重新编译。

（3）调用 DPFlash 程序，将用户文件（＊.HEX）烧写到仿真器的 Flash 中。具体方法如下：

• 运行 DPFlash 程序，并在程序窗口中选择"文件"菜单下的"装载"命令（如图 4-1 所示），这时会出现如图 4-2 所示的对话框，输入要装载的文件名（如：Led_Light.HEX）点击"打开"按钮。

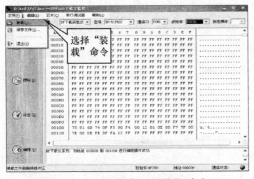

图 4-1 "文件"菜单下的"装载"命令

图 4-2 选择十六进制文件

• 将仿真器上的模式选择开关置于"LOAD"位置上（参见图 3-1），并对仿真器复位一次。

• 单击 DPFlash 程序主界面上的"编程"按钮出现如图 4-3 所示的对话框，单击"编程"按钮即可出现编程进度显示，完成后单击"退出"按钮结束对用户文件的下载（如图 4-4 所示）。

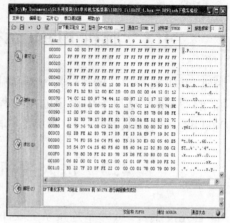

图 4-3   执行"编程"命令后的画面   图 4-4   ROM 中的二进制文件

• 将仿真器的模式选择开关置于"RUN",并对仿真器复位一次,这样仿真器中的 P87C52X2 开始运行 Flash 中的用户程序。此时可以通过目标系统(实验台)观察用户程序的运行结果。由于用户程序是装载到仿真器内部 P87C52X2 单片机的 Flash 存储器中,所以实验系统掉电后程序不丢失,当实验系统重新上电后会自动运行用户的程序。

不难看出所谓的"脱机 Flash"运行模式是一种使目标系统(实验台)脱离上位机、脱离 KeilC51 软件控制、脱离 MON51 监控程序控制的一种纯用户程序的运行模式,与调试仿真模式相比更接近于实际应用环境,所以"脱机 Flash"模式可以认为是项目工程最后验证的有效方法。

当然,用户的程序通过了脱机 Flash 运行模式,就可以将相应的十六进制文件(＊.HEX)使用编程器烧写到用户的单片机芯片里,然后将用户单片机直接取代仿真器插到目标板上。至此,一个工程项目的整个开发过程宣告结束。

第5章

MCS-51 的基本结构及最小系统

 知识导入

在这一章中,结合对 MCS-51 系列单片机的基本结构、特点进行简要描述。有关对 MCS-51 系列单片机的介绍资料很多,读者在入门学习中应当有所重点地学习,如存储器结构、中断系统、定时器以及接口设计等。读者可以通过本章的内容了解 MCS-51 单片机的主要特征,为后续内容的学习打好基础。

5.1 MCS-51 单片机内部基本结构及特点

将程序存储器 ROM、数据存储器 RAM、并行端口、定时计数器以及中断系统等模块全部集成在一个芯片中,这就是单片机与通用计算机系统的区别。这种芯片级的计算机系统具有体积小、功耗低、构造应用系统方便以及设计成本低等特点。

5.1.1 MCS-51 单片机的基本结构

在图 5-1 中,将 MCS-51 系列单片机芯片内部的结构体现了出来,通过芯片内部总线将各个模块有机地联系起来,这种结构简化了外部应用系统的设计。

5.1.2 MCS-51 单片机的主要特点

目前 MCS-51 系列单片机的发展已经相当成熟,从简易型到高档型一应俱全。这里以标准型的 AT89C51 为例,对其主要特点进行描述:

(1)内部程序存储器 ROM:4 KB 字节的存储容量。

(2)内部数据存储器 RAM:256 B 字节(低 128 B 的数据存储区 RAM 和高 128 B 的 SFR)。

(3)寄存器:设有 4 个工作寄存器区,每个区有 R0~R7 八个工作寄存器(占用 RAM 的低位空间)。

(4)4 个 8 位并行输入输出端口:P0、P1、P2 和 P3(占用 SFR 的 80H、90H、A0H、B0H 单元)。

(5)2 个 16 位的定时/计数器 T0、T1(占用 SFR 的空间)。

(6)全双工的串行端口 SBUF(引脚分别为:RXD/$P_{3.0}$接收端、TXD/$P_{3.1}$发送端,占用

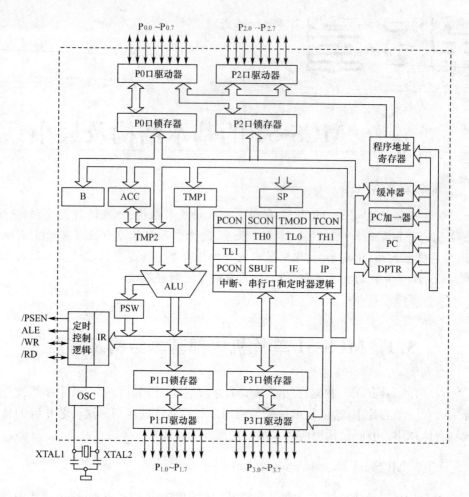

图 5-1　MCS-51 单片机内部结构

SFR 单元)。

(7)中断系统:设有 5 个中断源(两个外中断:/INT0、/INT1,两个定时计数器:T0、T1 和串行口)。

(8)系统扩展能力:可外接 64 K 的 ROM 和 64 K 的 RAM(扩展时占用 P0、P2 和部分 P3 口)。

(9)堆栈:设在 RAM 单元中,通过堆栈指针 SP 来确定堆栈的位置,复位时 SP=07H。

(10)布尔处理机:可对位寻址区寻址,配合布尔运算的指令进行各种"位传送"及"位运算"。

(11)指令系统(详见附录 1):

· 111 条指令,按功能可分为 5 大类,即:

数据传送(如:MOV、MOVX、MOVC 等);

算术运算(如:ADD、ADDC、SUBB、INC、DEC、DIV、MUL 等);

逻辑运算(如:ANL、ORL、XRL、CLR、RL、RR、RLC、RRC 等);

控制转移(如:AJMP、LJMP、SJMP、JZ、JNZ、CJNE、DJNZ、ACALL、RET 等);

布尔操作(如:MOV、CLR、SETB、ANL、JC、JNC、JB、JNB、JBC 等)。

- 指令的长度:单字节、双字节和三字节。
- 指令的执行时间:

单字节单周期(如 MOV A,Rn);

单字节双周期(如 INC DPTR);

单字节四周期(如 DIV A,B、MUL A,B);

双字节单周期(如 MOV A,♯data);

双字节双周期(如 AJMP addr11);

三字节双周期(如 LJMP addr16)。

5.1.3　MCS-51 单片机的存储器配置

在 MCS-51 单片机中,存储器的配置分为:程序存储器 ROM 和数据存储器 RAM。

(1)程序存储器 ROM

用于存储程序、常数或表格的存储空间,掉电后数据不丢失,以 AT89C51 单片机为例:

- 片内具有 4 K 的 Flash 结构的电擦除只读存储器 Flash,与 Intel 公司早期产品的紫外线擦除 EPROM 结构相比使用更灵活、更方便(使用时引脚 EA=1)。
- 外部可扩展 64 K ROM,以满足一些大程序的需要(此时引脚 EA=0)。但是要注意一点,当采用外部扩展程序存储器时,外存储系统要占用单片机的 P0、P2 及 P3 部分端口作总线。其中 P0 口作低 8 位的地址和数据的"分时总线";P2 口作高 8 位地址总线,P3 口两条线作 RD/WR 控制线。P0、P2 组成的 16 位地址线其寻址范围为 2^{16}=65536=64 K。

随着大容量 ROM 的增强型单片机的出现,一般很少再采用外部扩展存储器的方法,这样不仅简化系统结构、减少对单片机端口资源的占用,还降低了成本、提高了系统的可靠性。在大多数场合下采用片内 4 K/8 K(51/52 系列)的存储空间就可以满足大多数应用的需要,此时单片机的引脚/EA 接高电平即可。通过单片机引脚/EA 的电平来确定 CPU 对 ROM 的选择使用权:EA=1 时,CPU 执行片内 ROM 的程序;EA=0 时,CPU 执行外部 ROM 中的程序。所以尽管单片机可以具备两种 ROM 的使用方案,但对于使用者来说,只能在两者之间选择其一。

无论是使用内部还是外部 ROM 单元,有两点必须注意:

首先,程序的开始部分(第一条指令)必须存放于 0000H 单元,这是因为单片机在复位后其程序指针 PC 被清零(PC=0000H),这样使用者可以通过对系统的清零实现程序的正常启动,由于 AT89C51 单片机本身不具备上电复位功能,所以必须外加一个上电复位电路实现上电复位的操作。

另一点,在 ROM 的前面还有 5 个特殊的单元必须留有特殊的用途,它们分别是:

- 0003H /INT0 外部中断 0 的矢量入口;
- 000BH 定时/计数器 T0 的中断矢量入口;

· 0013H /INT1 外部中断 1 的矢量入口；

· 001BH 定时/计数器 1 的中断矢量入口；

· 0023H 串行口的中断矢量入口。

上述这些单元，普通的程序代码段是不能占用的，要留给中断程序使用（如图 5-2 所示）。

将 ROM 程序存储器这两个特点综合起来，可以得到一个结论：在 51 单片机编程时，第一条指令必须存放在 ROM 的 0000H 单元，这条指令应当是一条跳转指令——LJMP。

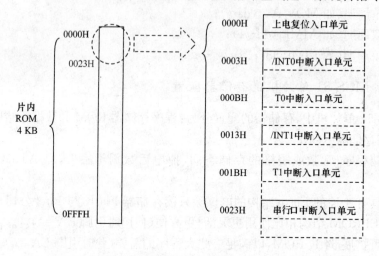

图 5-2　AT89C51 单片机 ROM 前端的 6 个单元

（2）MCS-51 单片机的数据存储器 RAM

数据存储器 RAM：读、写速度快，用于存储程序中的中间数据或程序运行后的结果数据，掉电后数据会丢失。与程序存储器一样，数据存储器同样可以分为内部 256 B 个字节的空间和外部 64 K 的扩展空间。内部或外部 RAM 的访问是由不同的指令（MOV 或 MOVX）来区分的：

· 使用 MOV 指令时，访问内部 RAM 空间。

· 使用 MOVX 指令时，访问外部 RAM 空间。

理论上，使用者可以同时拥有内部和外部两部分 RAM 的使用权，但是与外部 ROM 的使用一样，当使用外部 RAM 时同样是要付出占用端口资源的代价。所以一般情况下是不提倡使用外部 RAM 的。

内部 RAM 的结构参见图 5-3，在使用中应当注意：

· 寄存器 R0～R7 实际上就是 RAM 单元的一部分。四个寄存器区中每一个区都有 R0～R7 八个寄存器，复位后系统默认为 0 区的工作寄存器。

· 位寻址区（20H～2FH）提供了 128 个位地址。在这个区域中可以按位来访问任意一个位地址中的 bit（位）信息。每一位都有对应的位地址。当然在这个区域中仍然可以按字节地址来访问这些存储的字节单元。

· 堆栈区也处于 RAM 中。当单片机复位后堆栈指针 SP＝07H，即堆栈的“栈底”位置为 RAM 的 07H 单元（实际上是从 08H 单元开始使用）。因为堆栈操作时，栈的空间是向上增长的,为了避免栈区与普通的数据区相冲突,在编程时往往将栈区的起始位置移到可用 RAM 的顶部,如 MOV SP,♯60H。这样,堆栈使用的区间被上移到 60H～7FH 的区域,避免了与数据区冲突的潜在危险。

‧在 RAM 256 B 中的高 128 B 区域(80H～FFH)称为"特殊功能寄存器区——SFR",大约 21 个特殊功能寄存器,它们是具有特殊用途的寄存器,不能用于普通变量数据的存储。

‧对 SFR 而言,凡是地址能够被 8 整除的都可以按位寻址。换个角度看,对于一些非常重要的 SFR 都设计为按位寻址的结构(详见表 5-1)。

相对而言,51 系列单片机的 RAM 资源是非常有限的,不论是采用汇编语言还是 C 语言都必须考虑合理利用 RAM 有限的资源。

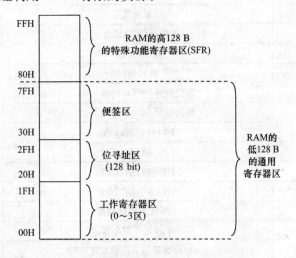

图 5-3　8051 内部数据存储器 RAM 功能结构图

按照功能划分,256 B RAM 的低 128 B 空间可分为:

(1)工作寄存器 R0～R7:CPU 使用寄存器寻址时指令长度往往是单字节的。在编程中工作寄存器常被定义为一些专用单元,如:循环程序中的循环计数器、数据指针、临时工作单元。MCS-51 单片机的指令中大多是通过寄存器来实现数据的传送,通过寄存器与累加器 A 共同实现算术运算、逻辑运算。使用寄存器寻址的指令无论是指令的长度、运行速度都要比从内存中直接寻址效率高。所以把寄存器理解为存储数据的"临时单元"更为确切。换一种角度讲,寄存器在数据处理中在累加器与内存的数据之间构架出一个"桥梁",使数据在程序的控制下得到合理、高效的传送和运算。

(2)堆栈区:用于提供"子程序"和"中断服务程序"调用时的"断点"、"数据"的保护空间。复位后 SP＝07H(栈底＝08H)。

(3)位寻址区(20～2FH):提供 128 bit 变量的存储空间,当然在这些空间中使用字节地址访问时,仍然可以作为普通的字节存储空间使用。

(4)便签区:普通的变量存储空间,用于存储变量,如:电子表程序中的"秒单元"、"分单元"和"小时单元"等。

5.1.4　MCS-51 单片机的特殊功能寄存器

与普通的数据存储空间不同,特殊功能寄存器(SFR)是具有其特定功能的。特殊功能寄存器主要是为芯片内各个功能模块进行功能设定、状态存储等,不能作为普通的数据存储。特殊功能寄存器的物理位置在 RAM 中 256 B 字节的高 128 B 空间且仅仅占用 20 多个字节。对于没有定义的字节是不能使用的。

对于一些比较重要的 SFR 采用了可按位寻址的设计方法,使编程更为方便、快捷。可按位寻址的 SFR 具有其"地址可以被 8 整除"的特点(详见表 5-1)。

表 5-1　　　　　　　　　　AT89C51/52 的特殊功能寄存器一览表

SFR 的符号	名称	SFR 的物理地址
ACC *	累加器	0E0H
B *	B 寄存器(乘除法专用)	0F0H
PSW *	程序状态字	0D0H
SP	堆栈指针	81H
DPL	数据指针 DPTR 的低 8 位	82H
DPH	数据指针 DPTR 的高 8 位	83H
P0 *	I/O 并行端口 P0	80H
P1 *	I/O 并行端口 P1	90H
P2 *	I/O 并行端口 P2	0A0H
P3 *	I/O 并行端口 P3	0B0H
IP *	中断优先级寄存器	0B8H
IE *	中断允许寄存器	0A8H
TMOD	定时/计数器的工作模式寄存器	89H
TCON *	定时/计数器控制寄存器	88H
T2MOD *(52 系列)	定时/计数器 2 工作模式寄存器	0C9H
T2CON *(52 系列)	定时/计数器 2 控制寄存器	0C8H
TH0	定时/计数器 0 高 8 位初值寄存器	8CH
TL0	定时/计数器 0 低 8 位初值寄存器	8AH
TH1	定时/计数器 1 高 8 位初值寄存器	8DH
TL1	定时/计数器 1 低 8 位初值寄存器	8BH
TH2(52 系列)	定时/计数器 2 高 8 位初值寄存器	0CDH
TL2(52 系列)	定时/计数器 2 低 8 位初值寄存器	0CCH
RCAP2H(52 系列)	定时/计数器 2 陷阱寄存器高 8 位	0CBH
RCAP2L(52 系列)	定时/计数器 2 陷阱寄存器低 8 位	0CAH
SCON *	串行口控制寄存器	89H
SBUF	串行口数据缓冲器(接收、发射)	99H
PCON	电源控制寄存器	87H

注:＊为可以按位寻址的 SFR,特点是:它们的地址都能够被 8 整除。

5.2　MCS-51 单片机常用型号及规格

5.2.1　常用的 MCS-51 系列单片机型号

在表 5-2 中给出一些常用的 MCS-51 系列单片机型号及主要规格：

表 5-2　　　常用 MCS-51 系列单片机型号及主要规格一览表

型号	ROM	RAM	timer	中断源	SPI	WDT	I/O	EE PROM	最高 fosc MHz	说　明
AT89C1051	1 K	64 B	1	3	—	—	15	—	24	20 引脚简化版
AT89C2051	2 K	128 B	2	5	—	—	15	—	24	20 引脚简化版
AT89C51/LV51	4 K	128 B	2	5	—	—	32	—	LV:12 C:24	LV:2.7~6 V C:5 V(±0.2 V)
AT89C52/LV52	8 K	256 B	3	6	—	—	32	—		
AT89S51/LS51	4 K	128 B	2	5	√	—	—	—	24	支持在线编程 双数据指针 S52:4~5.5 V LS52:7~5.5 V
AT89S52/LS52	8 K	256 B	3	8	√	—	—	—	24	
AT89S8252	8 K	256 B	3	8	√	√		2 K	24	
P87C51X2BN	4 K	128 B	3	6	—	—	32	—	16/33 (3 V/5 V)	PHILIPS 2.7~5.5 V
P87C52X2BN	8 K	256 B	3	6	—	—	32	—		
P87C54X2BN	16 K	256 B	3	6	—	—	32	—		
P87C58X2BN	32 K	256 B	3	6	—	—	32	—		
87C552	8 K	256 B	3	6	I²C	√	32	—	16	8 bit 2 路 PWM 10 bit 多路 ADC
STC89C51 RC	4 K	512 B	3		.	√	32	1 KB	45	STC 系列 掉电模式 0.5 μa 空闲模式 2 na 内置 ADC 模块 双数据指针 内置 ISP 引导码
STC89C52 RC	8 K	512 B	3			√	32	1 KB	45	
STC89C53 RC	14 K	512 B	3			√	32		45	
STC89C54 RD+	16 K	1280 B	3			√	32	8 KB	45	
STC89C58 RD+	32 K	1280 B	3			√	32	8 KB	45	
STC89C516 RD+	64 K	1280 B	3			√	32		45	

5.2.2　MCS-51 单片机的引脚定义

图 5-4 中所示为 MCS-51 单片机的引脚定义，是以 AT89C51 的 DIP40 管脚封装为例的封装芯片外形图和引脚定义：

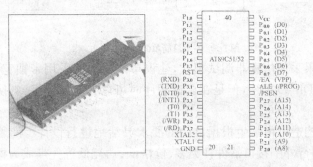

图 5-4　AT89C51 芯片的 DIP40 封装芯片外形图和引脚定义

5.3   MCS-51 单片机的最小系统

从第 6 章开始将进入单片机相关模块的实验内容。对于大多数读者而言往往不具备单片机实验系统的相关知识。为了提高学习的效果,建议有条件的读者自己构建一个"单片机最小系统",这样就可以方便地实现各个相关内容的实验了。

最小系统是一个广义的概念,但也可以理解为单片机具备运行指令能力所需要的硬件最基本的结构,它包括:电源电路、上电复位电路(包含手工复位)、单片机系统的振荡器电路及必要的输入输出电路(LED 灯或 LCD 显示电路,开关、键盘输入等)。在硬件的支撑下,单片机才能运行用户的目标程序,图 5-5 为一个最小系统电路图。

当然,在实验室的条件下,学生利用实验台直接编写、调试程序(避开了单片机最小系统的设计环节),但这种方法是不完全的,不利于学生独立自主地学习掌握单片机的系统设计。所以,最小系统往往也是初学者学习单片机必做的环节。

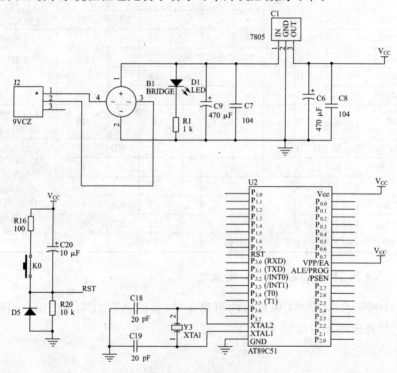

图 5-5   一个最简单的最小系统电路图

最小系统如果采用仿真器调试模式,建议单片机插座采用带锁定功能的插座,虽然价格高出普通的 DIP40 插座,但是在调试程序时可以方便地连接、更换仿真头和单片机(如图 5-6 所示)。

最小系统的构造可由学生根据自己的要求灵活地进行设计。随着新型串行接口标准的不断出现,串行外围接口器件种类多、价格低、功耗低等优点成为构造最小系统时优先选择的接口器件。

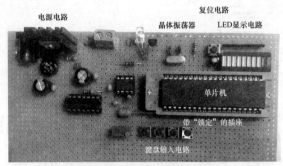

(a)使用"多孔板"搭线焊接的电路板

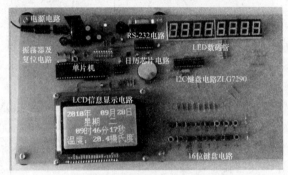

(b)使用protel软件设计、焊接的单面电路板

图 5-6　由学生动手制作的最小系统电路板实物图

注意　图 5-5 中的整流桥的作用是使系统电源电路不受外部电源适配器电压输出极性的限制,方便使用。

学生在焊接、调试最小系统板时,首先要保证系统的基本工作状态。

(1)电源电路能够提供稳定的 5 V 电压 V_{CC}(5 V 版的单片机),这可由 7805 产生(如图 5-5 所示)。

(2)单片机的 EA 引脚不能悬空,采用片内 ROM 时,EA＝1(接高电平 5 V)。

(3)插入单片机上电后,在 XTAL2、XTAL1(18、19 脚)应有震荡波形,其频率等于引脚上所连接的晶体的振荡频率。可以采用示波器观察(使用示波器时探头应置于 10 倍的衰减,以避免因为内阻过低,造成电路停振)。

一般来讲,只要上面的三个条件满足,最小系统就具备运行程序的基本条件了。

注意　读者在构建自己的最小系统时建议利用 P1 端口采用"灌电流"的方式构建一个 LED 显示系统(参见图 6-10)。利用此电路可以方便地实现端口、定时器、中断等相关模块的编程实验,在没有示波器的场合下了解程序的运行状态。

在 PCB 板子上布局 8 个 LED 灯时,应注意 LED 排放的物理位置,即 $P_{1.7}$ 的 LED 在左侧、$P_{1.0}$ 的 LED 灯在右侧。这种布局可以避免单片机在运行 RRC A 或 RLC A 指令时,指令运行效果与移位指令方向"相反"的结果,图 5-6(a)中为使用"多孔板"搭线焊接的电路板,图 5-6(b)为使用 protel 软件设计、焊接的单面电路板。

第6章

MCS-51 基础知识与实验

 知识导入

在后续的编程实验中,因为受仿真器(TKSMonitor 51)的限制,所有的程序起始地址都被临时修改为 8000H,包括中断矢量都要修改为 8003H、800BH、8013H、801BH 和 8023H 单元。不同型号的仿真器对其都有不同的要求,所以读者在选购仿真器时要注意这些细节问题。

如果程序调试完成,要将调试好的程序烧写到单片机内部 ROM 前,要将上述 6 个地址分别恢复为正常的起始地址:0000H、0003H、000BH、0013H、001BH 和 0023H,在重新编译后方可进行烧写操作。在实验室条件下,因为省略了程序烧写的过程,往往会忽略 6 个入口地址问题。

尽管后续的实验内容都是在 DP-51PROC 实验仪上实施编程、调试的,但所有程序具有通用性,可以被方便地移植到读者自己设计的单片机系统上。

在本教程所有的汇编格式语言中,有两个符号要格外注意:①程序中"标号"后面的冒号":"必须是英文半角输入状态的输入字符,如果是在中文全角状态输入的":"则是错误的;②语句后面"注释"开头的分号";"也应当是英文半角输入状态的输入字符。如果是中文全角状态输入的";"则是错误的。上述错误在进行编译时,编译器会提示该行有"语法错误"。

6.1　MCS-51 单片机的存储器读写实验

6.1.1　MCS-51 单片机数据存储器 RAM 的结构

本章节介绍如何正确地了解、掌握 MCS-51 单片机数据存储器 RAM 的结构,合理运用寄存器、存储单元设置程序的各个工作单元,如计数器、数据指针、工作单元等。

在单片机内部数据存储器 RAM 的 256 B 单元中,低 128 B 单元为用户使用的数据存储区;高 128 B 单元为 SFR 单元,编程者不能用于普通数据存储。RAM 的低 128 B 空间中,00H～07H 为 0 区的工作寄存器 R0～R7,常被设置成计数器单元、"数据指针"单元(R0,R1)等工作单元。20H～2FH 可按位寻址,也可存储字节数据。堆栈区在单片机复位后默认为 08H 开始的单元(SP＝07H)。RAM 的高 128 B 的 SFR 具有特定的意义,不能作为普通的数据存储区域。有关 SFR 的定义和使用方法将会在后续的实验中加以描述。有关 MCS-51 单片机的 RAM 结构可参阅 5.1.3 章节和图 5-3 中的描述。

6.1.2　存储器读写实验

（1）实验目的

通过此实验熟悉、了解和掌握 MCS-51 单片机存储单元的特点、数据块的处理和循环程序的编写方法、编写循环结构程序的基本规则、基本指令的使用和 Keil 软件的调试方法。

（2）实验要求

将单片机内部 20H～2FH 共 16 个单元全部清零，要求采用循环结构编程。

（3）算法说明

编制一个循环结构的程序，并利用寄存器承担循环计数器、数据指针、工作变量单元的安排等，并正确地对它们进行初始化。

（4）实验前的准备

首先仔细阅读 EXP1_A. ASM 程序清单以及图 6-1 所示流程图，并回答表 6-1 提出的问题（相关内容参见 5.1 章节）：

表 6-1　　　　　　　　　　　　　实验前应知应会的内容

序号	问　　题	答　　案
1	程序是什么结构？	
2	谁承担循环计数器？如何设定其初值？	
3	谁承担数据指针？初值是多少？	
4	程序的循环次数是多少？	
5	在调试过程中，如何添加观察变量？	
6	若采用断点调试方式，断点的位置应当怎样设置？	
7	如何观察单片机内部数据区的数据？	

（5）实验步骤及方法

首先仔细分析程序的指令，分别使用单步、断点方式运行，充分利用 Keil 调试软件提供的各种观察窗口，观察 ACC、R0、R1、R2 和内部 RAM 的 20H～2FH 中数据变化的过程。

（6）参考程序及流程图

EXP1_A. ASM 程序清单

```
        ORG     8000H
        LJMP    START
        ORG     8100H
START：MOV     R0,#20H      ;数据区指针赋初值
        MOV     R2,#10H      ;计数器 R2 赋初值
        MOV     A,#00H       ;累加器 A 原始清零
LOOP：  MOV     @R0,A        ;向 RAM 单元送数
        INC     R0           ;修改 RAM 指针
        DJNZ    R2,LOOP      ;操作是否结束
        SJMP    $            ;操作结束时停机
        END
```

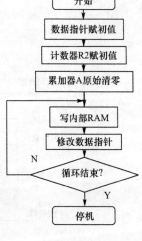

图 6-1　EXP1_A 程序流程图

【思考题】

(1)将程序数据块的地址修改为 30H～3FH。

(2)参考 EXP1_A.ASM 程序,完成下述功能:

- 将 RAM 的 30H～3FH 连续 16 个单元分别送 00H～0FH。

- 试编写出程序,并调试。当程序调试成功后画出流程图。

(3)在 RAM 的 20H、21H 单元分别赋值 64H、F5H,试将两个数相加,其和分别送 22H、23H 单元(23H 为高位)。

(4)在 RAM 的 20H、21H 单元分别赋值 BCD 码 75H、35H,试将两个数相减,其 BCD 的差送 22H 单元。

提示:MCS-51 的十进制调整指令不适合减法,应把减法变成加法(将被减数—减数转换为被减数＋减数的补码)。减数的补码＝BCD 码的模—减数。其中 BCD 码的模为 100H＝99H＋01H＝9AH。

6.2   MCS-51 单片机的并行输入输出端口实验

6.2.1   MCS-51 单片机并行端口的基本结构

MCS-51 内部的四个并行端口 P0～P3,在结构上因端口的功能不同,其结构和性能都有所不同。从严格意义上讲,MCS-51 单片机的并行端口是一个准双向端口,因此,在端口编程中有许多应当注意的地方,而这些往往容易被初学者所忽视。因此,了解端口的结构特点及编程方法就显得尤其重要。关于端口的工作原理、注意事项等将会在后续内容中进行描述。

(1)MCS-51 内部并行端口结构

MCS-51 单片机共有四个并行端口,它们分别是 P0、P1、P2 和 P3。以下图 6-2、图 6-3、图 6-4、图 6-5 分别为 P0、P1、P2、P3 的位结构图。

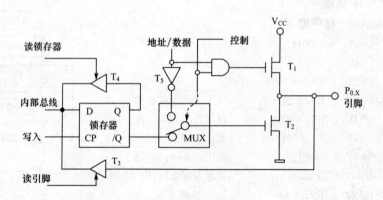

图 6-2   P0 的位结构图

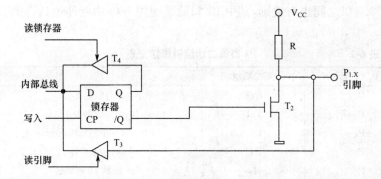

图 6-3　P1 的位结构图

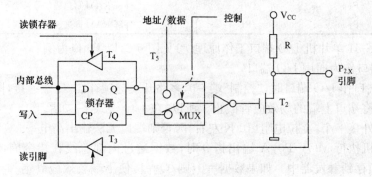

图 6-4　P2 的位结构图

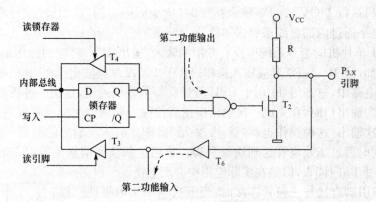

图 6-5　P3 的位结构图

(2)MCS-51 单片机 I/O 端口功能分配

在 MCS-51 单片机内部的 4 个并行 I/O 端口 P0～P3 中,除了都具有通用的 I/O 功能外,还具有各自不同的其他功能(也称之为第二功能),电路结构的形式也不一样。

•P0,P2 口内部各有一个"二选一"的多路开关,由 CPU 控制分别实现通用 I/O 功能或外部扩展时传输数据和地址信号的总线功能,其中:P0 口作为低 8 位地址总线和数据总线(也称"分时复用总线");P2 口作为高 8 位地址总线。

• P1、P3 端口之间也有差别,其中 P3 口除了通用 I/O 功能外还具有第二功能(详见表 6-2)。

表 6-2 P3 口第二功能引脚定义表

P3 口引脚	第二功能	注　释
$P_{3.0}$	R_XD	串行数据接收口
$P_{3.1}$	T_XD	串行数据发送口
$P_{3.2}$	/INT$_0$	外中断 0 输入
$P_{3.3}$	/INT$_1$	外中断 1 输入
$P_{3.4}$	T_0	计数器 T0 计数输入
$P_{3.5}$	T_1	计数器 T1 计数输入
$P_{3.6}$	/WR	外部 RAM 写选通信号
$P_{3.7}$	/RD	外部 RAM 读选通信号

(3)MCS-51 单片机 I/O 端口工作原理(参见图 6-2,以 P0 口为例)

• P0 端口作为通用 I/O 端口

当 P0 端口作 I/O 端口时,"控制"端=0,多路开关与锁存器/Q 端连接,同时,"控制"端的 0 电平将端口上端的场效应管截止。所以,在 I/O 模式下,如果 P0 口与 MOS 负载连接时必须外接一个"上拉电阻(10 K 左右)",否则端口无法输出高电平。

当单片机执行 MOV P0,A 输出指令时,数据通过内部总线在指令周期中的"写信号"作用下锁存到触发器中。如果数据=0,则/Q=1,使下端场效应管饱和导通,端口引脚电平为 0。如果数据=1,则/Q=0,使下端场效应管截止,在这种情况下,端口引脚电平是靠外部上拉电阻(或外接负载的等效上拉电阻)将端口电平拉到高电平。

当单片机执行 MOV A,P0 输入指令时,指令周期中的"读引脚"信号将三态门 T$_3$ 打开,引脚电平通过内部总线送到累加器 A。

MCS-51 单片机的指令系统中没有专用的输入、输出指令,对应的操作是由 MOV 指令实现的。如:MOV A,P0 对应输入操作、MOV P0,A 对应输出操作(其他端口类同)。

在端口电路中,三态门 T$_4$ 用于 CPU 读锁存器数据的通道,这是一种较特殊的设计。当端口设计为输出口时,在完成一次输出操作后往往需要将输出的结果取回来重新进行修改然后再次输出,这种操作也称"读-修改-写"操作。前一次输出的数据一方面锁存在触发器中,同时通过场效应管送到端口引脚。要想重新读回前次的数据,理论上可以从端口引脚通过 T$_3$ 门读入,但是在实际应用中会产生错误。以图 6-6 为例,当端口引脚直接与三极管连接时,当前次输出 1 电平使三极管饱和导通时,端口引脚被钳位在 0.7 V,如果将此电平读回,会得到一个 0 电平的错误结果。因此,在进行"读-修改-写"操作时,端口被设计成从 T$_4$ 门输入,这样避免外电路带来的错误和干扰。与"读-修改-写"操作相关的指令有:ANL P0,A 、ORL P0,A 及 XRL、JBC、CPL、INC、MOV P$_{XY}$,C 、SETB P$_{XY}$ 等。

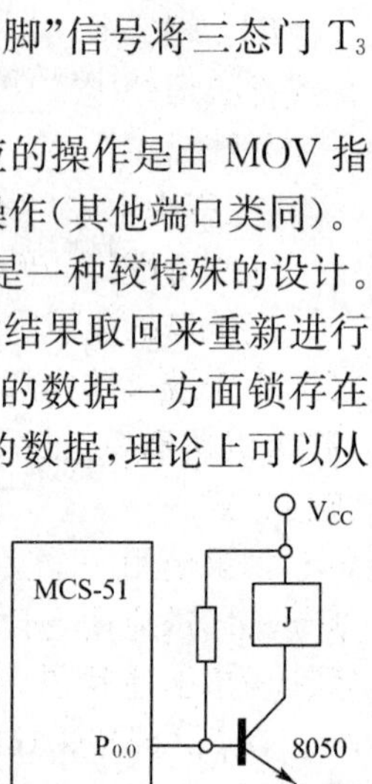

• P0 端口在系统扩展中作为复用总线时

"控制"端=1,多路开关接收来自"地址/数据"经反相器反相后的数据。此时,控制场效应管 T1 的与门被打开。

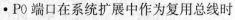

图 6-6 三极管负载示意图

当"地址/数据"信号为 1 时,与门输出为 1,反相器 T_5 输出为 0,因此 T_1 导通、T_2 截止,端口引脚输出高电平;当"地址/数据"信号为 0 时,与门输出为 0,反相器 T_5 输出为 1,因此 T_1 截止、T_2 导通,端口引脚输出低电平。

与 I/O 模式不同的是,T1、T2 都处于工作状态,因此在总线方式中 P0 端口不用外加上拉电阻。

P2 口与 P0 口基本相同,区别在于 P2 口有一个等效高阻值电阻替代 T1 场效应管。

P3 口由一个与门实现端口的 I/O 功能与第二输出功能的选择:

I/O 模式时,第二输出功能为 1,与门处于打开状态,场效应管 T2 的状态取决于锁存器 Q 端电平;第二功能输出时,锁存器 Q 端固定为 1 电平,场效应管 T2 的输出取决于第二输出功能的电平。第二功能输入时,三态门 T6 打开,引脚信号送入对应的模块电路。

(4)MCS-51 单片机并行端口结构特点及使用中应注意的问题

• 端口作 I/O 输入操作前应先向端口写 1

因为端口引脚在内部直接与场效应管连接,如果在输入操作时锁存器原来的数据为 0,则使与地连接的场效应管 T2 处于饱和状态,即端口引脚处的电平被场效应管钳位在 0 电平,这样,外部加在引脚上的电平不能正确地输入到内部总线上。因此,做 I/O 输入操作前应先向端口写 1,以截止 T2。例如,将 P1 口设定为输入口并将输入的数据送到累加器 A 中的指令如下:

```
MOV    P1,#0FFH        ;端口实现写 1
MOV    A,P1            ;输入数据到 A
```

• P0 口作通用 I/O 时应外接上拉电阻

P0 口作 I/O 时,因电路上端的场效应管始终处于截止状态,所以 P0 端口的每一个位线都必须外接一个上拉电阻,否则端口不能输出高电平。其外接上拉电阻的阻值可根据实际情况在 1～10 k 之间选择,阻值过大驱动能力降低,而阻值太小会增加系统的电流消耗(工程中常采用排电阻)。

• 并行端口如何驱动大电流负载

当端口的负载需要较大的电流(大于 100 mA)时,就要考虑端口与负载的连接方式了。由于端口结构的特殊性使 MCS-51 单片机的端口的"拉电流"仅为 80 μA,而"灌电流"可以达到 20 mA,所以,如果使用端口直接驱动大电流负载时,必须采用"灌电流"的连接方式。

如果使用一个反相驱动器与端口引脚连接,可以实现"拉"和"灌"两种驱动方式,以满足不同的应用场合。当端口负载较轻(如直接与 TTL 或 CMOS 器件的输入连接)时,不用考虑上述问题。

在 DP-51PROC 综合实验台上,D1 区上的 8 个 LED 发光二极管都是采用阳极接 V_{CC} 的方式,均采用灌电流的方式来驱动 LED(如图 6-7(a)所示),图 6-7(b)与图 6-7(c)中分别为拉电流方式和使用驱动器的灌电流方式。

🐱 **注意**　在静态条件下,灌电流 I_{OL} 最大值:每个引脚 10 mA;P0 口 8 个引脚总电流 I_{OL} 最大值 26 mA;P1、P2 和 P3 每个端口的 8 个引脚的总电流 I_{OL} 最大值 15 mA;所有端口引脚总电流的最大值为 71 mA。

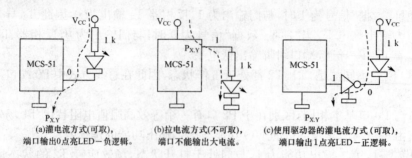

图 6-7　端口驱动大电流负载示意图

6.2.2　MCS-51 单片机并行端口实验

（1）实验目的

进一步熟悉、掌握 Keil 集成调试软件和 DP-51PROC 综合实验系统的使用。掌握单片机并行端口的编程及分支程序的设计方法。

（2）实验要求

编写简单的程序，利用 P1 口低三位读入的三位拨动开关输出逻辑电平，P1 口的高四位中的低三位与 LED 连接。要求：使三个 LED 二极管的亮、灭与输入的三个拨动开关的状态一致。

（3）算法说明

利用半字交换、取反等指令实现低四位输入、高四位输出的功能。

（4）准备工作

预习单片机的并行端口结构及编程原理以及在使用端口时应注意的问题。

（5）实验连线

使用 6 条单根连接线，将拨动开关的低三位 SW1～SW3 与单片机的 $P_{1.0}$～$P_{1.2}$ 按照顺序连接，将单片机的 $P_{1.4}$～$P_{1.6}$ 与发光二极管 LED1～LED3 按顺序连接（如图 6-8 所示）。

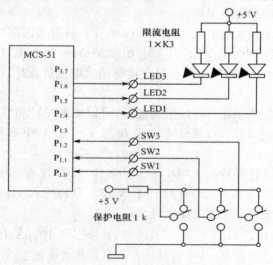

图 6-8　实验电路框图

(6)实验程序及框图(如图 6-9 所示)

```
        ORG    8000H
        LJMP   START
        ORG    8100H
START: MOV    SP,♯60H
        MOV    P1,♯0FFH
READ:  MOV    A,P1          ;输入
        SWAP   A
        CPL    A
        ORL    A,♯0FH
        MOV    P1,A
        AJMP   READ
        END
```

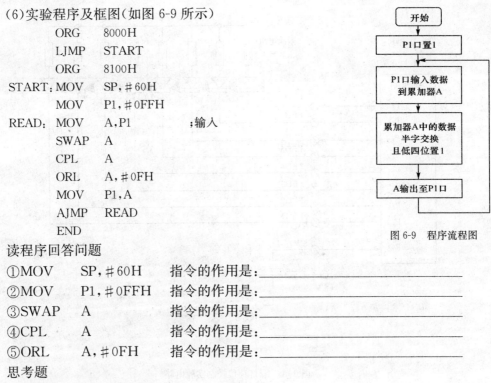

图 6-9　程序流程图

读程序回答问题

①MOV　　SP,♯60H　　指令的作用是:＿＿＿＿＿＿＿＿＿＿

②MOV　　P1,♯0FFH　　指令的作用是:＿＿＿＿＿＿＿＿＿＿

③SWAP　　A　　　　　指令的作用是:＿＿＿＿＿＿＿＿＿＿

④CPL　　　A　　　　　指令的作用是:＿＿＿＿＿＿＿＿＿＿

⑤ORL　　　A,♯0FH　　指令的作用是:＿＿＿＿＿＿＿＿＿＿

思考题

①彩灯移位控制程序

• 将 P1 口的 8 位端口使用排线与 LED1～LED8 按照顺序连接,使用一条单独的连接线将 $P_{3.2}$ 与 SW1 连接(参见图 6-10)。编制一个 P1 口的输出程序:将累加器 A 中的数据(建议 A＝♯0FEH,低电平 LED 亮)通过 P1 口输出,经过一段延时后将累加器的内容左移或右移,循环往复。

• 在上述程序的基础上,增加一个开关控制(参见图 6-10),使用开关控制移位方向。要求 SW1＝1 时,对累加器 A 的内容右移并输出;SW1＝0 时,对累加器 A 的内容左移并输出。

程序要求:采用循环结构,编程时可参考图 6-11 所示的流程图。

• 注意观察并回答:

在程序中为什么要加延时操作? ＿＿＿＿＿＿＿＿＿＿＿＿＿＿＿＿

定量地估算一下延时子程序的时间(f_{osc}＝11.0592 MHz≈12 MHz):＿＿＿＿＿＿

②输入输出控制程序

将 P1 端口与 8 位 SW 连接作输入,$P_{3.3}$ 作输出与逻辑笔(C2 区)连接。运行程序将 P1 口的输入数据与一个常数 k 相比较:当输入数据大于等于该常数 k 时 $P_{3.3}$ 输出高电平,反之输出低电平。

汇编语言的延时子程序清单(图 6-12 所示为流程图)如下:

```
DELAY: PUSH 01H
        PUSH 02H
        MOV  R1,♯00H
DELAY1:MOV  R2,♯00H
```

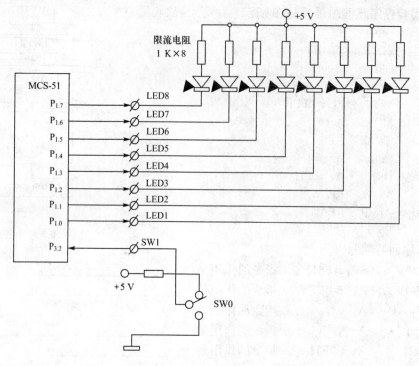

图 6-10　彩灯移位控制实验电路

DJNZ R2,$

DJNZ R1,DELAY1

POP 02H

POP 01H

RET

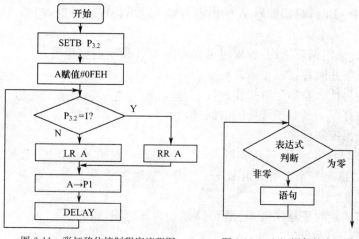

图 6-11　彩灯移位控制程序流程图　　　　图 6-12　while 语句的流程图

【采用 C 语言编程的参考程序(图 6-13 所示为流程图)】

```
#include <reg51.h>
unsigned char temx,temp=0x01;
sbit    P3_2=P3^2;
main()
{
    while(1)
    {
        unsigned char i,j;
        for(i=0;i<255;i++)
            for(j=0;j<255;j++);
        temx=~temp;
        P1=temx;
        if(P3_2==0)
        {
            temp=temp>>1;
            if(temp==0x00)
            temp=0x80;
        }
        else
        {
            temp=temp<<1;
            if(temp==0x00)
            temp=0x01;
        }
    }
}
```

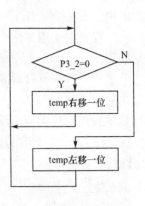

图 6-13 if-else 语句的流程图

采用 C 语言编程的注意事项:

(1)调试环境的设置

• 在建立工程时所自动产生的"STARTUP. A51"文件不要删除,因为它是 C51 的配置文件,但要对其内容进行修改。具体修改方法:将该文件中的"CSEG AT 0"修改为"CSEG AT 8000H"(参见 2.2.3 章节)。

• 在"Options for Target 'Target 1'"的选项卡中,将"C51"卡中的"Interrupt vectors at a"项设定为:"0x8000"(参见图 2-19)。

• 其他项(Output、Debug)同汇编语言编程时一致。

(2)C51 编程时的参数设定和常用函数

• 采用 C51 编程,必须将一个头文件包含进来,这个头文件就是"reg51. h"。具体方法参照程序清单。在这个头文件中将 51 系列单片机的 SFR 寄存器的名称和相关的寄存器以及可寻址的位地址进行了定义,这样可以在 C 程序中直接使用 SFR 的名称来编程。应当注意的是:所有的 SFR 以及可寻址的位都应当采用大写的英文字母,否则在编译时会出错。有关"reg51.h"的内容可参见附录3。

• 程序中使用了两个参数 temx 和 temp,在程序的开始部分被定义为"无符号字符变量"——unsigned char temx,temp,在单片机中这种无符号字符变量对应着 RAM 的一个字节。读者可以对源程序编译后,再调用它的反汇编程序清单来观察这两个参数定义在单片机 RAM 的位置,并注意看一下反汇编中演示程序的首地址是多少。经常观察与 C 源程序对应的反汇编代码(汇编语言程序)可以帮助编程者进一步了解 C 编译器的特点,合理地设定参数的类型(与存储字节有关)、适用范围(局部/全局),高效地利用单片机的硬件资源。

• 在程序中,采用一个无限循环语句 while(1),在该循环体中使用了:

for(i=0;i<255;i++)

　　for(j=0;j<255;j++);

双重循环语句实现一个延时操作。

• 程序中使用了标准 C 语言的"~"函数(对参数按位取反)和">>n"函数(右移 n 位)、"<<n"函数(左移 n 位)。

关于 C51 其他的环节编程者可以参考相关的资料,这里就不做详细叙述了。

读者可将上面的 C 语言程序进行修改,采用函数调用的方式实现延时操作。

6.3　MCS-51 单片机中断系统及外部中断/INT0 实验

MCS-51 单片机具有 5 个中断源,它们都是可屏蔽中断,所有的中断源都由"中断允许寄存器 IE"来设定"允许"或"屏蔽"。中断源具有"高"、"低"两个优先级,由"中断优先级寄存器 IP"来设定。单片机在复位后,5 个中断源都被屏蔽且都为低优先级(如图 6-14 所示)。

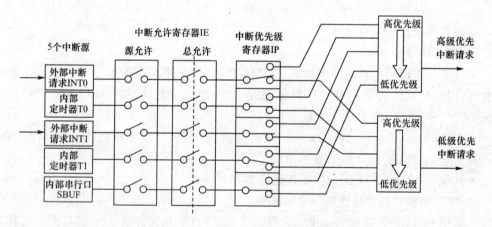

图 6-14　MCS-51 的中断系统(复位后的状态)

6.3.1　MCS-51 的中断系统结构及特点

1. 与中断相关的寄存器

中断允许寄存器 IE（SFR 的地址：A8H——可以按位寻址）

用于控制单片机总的中断使能位 EA 和各个中断源的中断允许位。该寄存器在单片机内部专用寄存器 SFR 中，物理地址为 A8H，这是可以按位寻址的 SFR，它的各位定义如下：

(MSB)							(LSB)
EA	×	×	ES	ET1	EX1	ET0	EX0

EA：总允许位。若 EA＝0，禁止一切中断。若 EA＝1，则每个中断是否允许还要取决于各自的允许位。

ES：串行口中断允许位。若 ES＝0，禁止其中断；若 ES＝1，允许其中断。

ET1：定时器 1 中断允许位。若 ET1＝0，禁止其中断；若 ET1＝1，允许其中断。

EX1：外部中断 INT1 中断允许位。若 EX1＝0，禁止其中断；若 EX1＝1，允许其中断。

ET0：定时器 0 中断允许位。若 ET0＝0，禁止其中断；若 ET0＝1，允许其中断。

EX0：外部中断 INT0 中断允许位。若 EX0＝0，禁止其中断；若 EX0＝1，允许其中断。

🐾**注意**　单片机复位后 IE＝00H。

2. 中断优先级寄存器 IP

用来确定每个中断源的优先级别。该寄存器在 SFR 中的地址是 B8H（可以按位寻址）。

(MSB)							(LSB)
×	×	×	PS	PT1	PX1	PT0	PX0

PS：串行口中断优先级设定位。若 PS＝1，设置该中断源为高优先级；PS＝0，设置该中断源为低优先级。

PT1：定时器 1 中断优先级设定位。若 PT1＝1，高优先级；PT1＝0，低优先级。

PX1：外部中断 1 中断优先级设定位。若 PX1＝1，高优先级；PX1＝0，低优先级。

PT0：定时器 0 中断优先级设定位。若 PT0＝1，高优先级；PT0＝0，低优先级。

PX0：外部中断 0 中断优先级设定位。若 PX0＝1，高优先级；PX0＝0，低优先级。

🐾**注意**　单片机复位后 IP＝00H。

3. 定时/计数器控制寄存器 TCON（在 SFR 中的地址：88H——可以按位寻址）

（1）下面是定时/计数器的各标志：

TF1	TR1	TF0	TR0	IE1	IT1	IE0	IT0

TF1：定时器 T1 溢出标志（将在 6.4 章节中介绍）。

TR1：定时器 T1 的运行控制位，由软件置 1 和清零（将在 6.4 章节中介绍）。

IE1：外中断/INT1 触发中断请求标志：当检测到/INT1 脚上的电平由高电平变为低

电平时,该位置位并请求中断。进入中断服务程序后,该位自动清除。

IT1:外中断/INT1 触发类型控制位。IT=1 时下降沿触发中断;IT=0 时低电平触发中断。

TF0、TR0:定时器 T0,定义同上(将在 6.4 章节中介绍)。

IE0、IT0:外中断/INT0,定义同上(将在 6.4 章节中介绍)。

(2)中断响应协议

在每一个机器周期中,所有的中断源都要按照其顺序检查一遍。在每一个机器周期的 S6 状态时,查找到所有被激活的中断申请排好优先权,在下一个机器周期的 S1 状态,只要不受阻断,就开始响应高级中断。如果发生下列情况,中断将被阻止:

· 同级或高级中断正在执行时。

· 当前的机器周期不是指令的最后一个机器周期。

· CPU 正在执行的指令是 RETI 或访问 IE、IP 寄存器时,CPU 是不会响应中断的,而且要等到该指令的下一条指令执行完后,中断才能重新查询、响应。

(3)中断响应的优先级

· 低级中断在响应执行中,可被高级中断所中断,反之则不能。

· 一个中断(不论是什么优先级)一旦得到响应,与它同级的中断则不能再中断它。

· 当 CPU 同时收到几个同一级别的中断要求时,CPU 响应哪个中断源取决于硬件的查询顺序,即"自然优先级"(参照图 6-14,自上而下的顺序为自然优先级)。

(4)中断响应的过程

如果 CPU 响应 5 个中断源中的某一个中断申请时,在硬件的控制下,MCS-51 所做的三个操作:

· 使相应的优先级激活触发器置位,用以屏蔽、阻止同级或低级中断(在单片机中断系统中有两个不可寻址的优先级激活触发器 flagH 和 flagL,分别代表高优先级和低优先级)。

· 在硬件控制下,将当前程序计数器 PC 的内容(断点地址)进栈,以备中断完成后的返回。

· 将对应的中断矢量装入 PC,使程序转向对应的矢量单元(入口地址),并通过此单元的长转移指令转向真正的中断服务程序 ISR。

上述的三个操作均为硬件自动实现,编程者所要做的事情就是要在对应的中断矢量单元内填入一个长转移指令,使之能够转移到真正的中断服务程序 ISR。

当 CPU 执行到中断服务子程序的最后一条指令 RETI 时,CPU 将堆栈中原先存入的断点地址弹出送入 PC 中,并将优先级激活触发器清零、复位,以重新开放所有的同级中断(注意:这也是 RETI 与 RTE 的主要区别)。这样,CPU 返回到原来主程序的断点处继续执行主程序。

在程序存储器 ROM 的 5 个中断源的入口地址中(参见图 5-2),每个入口地址之间只有 8 个存储单元,很明显这 8 个存储单元是无法容纳完整的中断服务程序 ISR 的。所以,在实际使用中,矢量单元开始只装一条 3 个字节的长转移指令(LJMP),通过长转移指令转到真正的中断服务程序 ISR,我们可将该指令形象地称为"跳板指令"。

（5）外部中断

在单片机的引脚上，有两个输入脚分别定义为外部中断输入/INT0（P$_{3.2}$）和/INT1（P$_{3.3}$）。作为外部中断的激活方式有两种：一种是低电平，另一种是下降沿。具体采用哪种方式，由专用寄存器 TCON 中的 IT1、IT0 位来决定。

- 若 ITx＝0 则低电平激活中断。
- 若 ITx＝1 是下降沿激活。

在 2 个机器周期中，对 ITx 进行两次采样，第一次采样为高电平，第二次采样为低电平时，激活中断标志（TCON 中的 IEx＝1）。由于 CPU 对外部中断的采样每个机器周期只有一次，所以电平激活方式中的外触发信号加在 INTx 的引脚上的低电平至少要保证一个机器周期（即 12 个时钟周期）。如果系统采用的是 12M 晶体，那么，INTx 上的中断信号（低电平）应大于 1 微秒。在实际应用中，如果采用电平触发方式，外部中断源应一直保持中断有效（低电平），直到中断被响应为止。同理，对于边沿激活方式的信号，加在 INTx 上的高电平、低电平至少要各保持一个机器周期以上的时间。

（6）中断请求的撤除

CPU 一旦响应中断，进入中断服务程序后，应当将该中断请求撤除，否则当本次中断结束后，该信号还会引起重复的"多余"中断。撤除中断的方法就是将对应的中断标志位清零。

在 MCS-51 系统中，清除标志有两种方法：一种是靠硬件自动清除；另一种是必须人为地用软件（CLR 指令）来清除。具体参照下面的表格 6-3（如采用"查询"方式时，所有标志都应软件清零）。

表 6-3　MCS-51 中断标志的撤除方法

中断源	中断标志	清除方式（CPU 响应中断后）
定时器 0	TF0（TCON.5）	硬件自动清除
定时器 1	TF1（TCON.7）	硬件自动清除
INT0（边沿触发）	IE0（TCON.1）	硬件自动清除
INT1（边沿触发）	IE1（TCON.3）	硬件自动清除
INT0（电平触发）	IE0（TCON.1）	外加电平控制、软件清除（如图 6-15 所示）
INT1（电平触发）	IE1（TCON.3）	外加电平控制、软件清除（如图 6-15 所示）
串行口 SBUF	TI（SCON.1）	用软件清除标志（CLR TI）
	RI（SCON.0）	用软件清除标志（CLR RI）

使用一个 D 型触发器电路可以解决外部电平过窄的问题（参见图 6-15）。

电路的编程原理（将外中断的触发方式设定为"低电平"）：

- 在主程序的初始化中执行 SETB P$_{1.0}$ 和 CLR P$_{1.0}$ 指令将 D 型触发器置 1，为中断响应做准备；
- 当外部请求信号（一个具有上升沿的单脉冲）将触发器写零；
- D 型触发器 Q 端的低电平引发单片机的中断，在中断服务程序结束前再一次执行 SETB P$_{1.0}$ 和 CLR P$_{1.0}$ 指令将 D 型触发器重新置 1（相当于撤除外中断申请信号），然后通过 RETI 指令返回主程序（注意：返回前还要软件清除该标志——CLR IEx）。

在外部信号的激励下，使触发器的 Q 端为"0"电平，该电平作为外中断的申请信号。当 CPU 响应该中断并进入到服务程序中时，利用 P0 口的一条线输出一个将 D 型触发器置 1 的信号（如图 6-15）。该电路还可以解决外中断信号过宽的问题，具体原理留给读者自己分析。

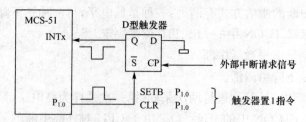

图 6-15 电平触发时撤除中断请求的软、硬件方案

6.3.2 外部中断/INT0 实验

（1）实验目的

学习、掌握单片机的中断原理。正确理解中断矢量入口、中断调用和中断返回的概念及物理过程。学习编写"软件防抖"程序，了解"软件防抖"原理。

（2）实验要求

设计一个计数器，利用中断程序完成对其加 1 并显示的功能。计数器原始清零。利用 C2 区逻辑笔电路显示 $P_{3.3}$ 的状态：如果 $P_{3.3}$ 的电平不断转换，则表明系统在执行主程序，无中断；如果 $P_{3.3}$ 变为固定的高电平（逻辑笔显示红色），则表明系统进入中断。

（3）算法说明

· 在主程序中利用 CPL $P_{3.3}$ 的指令驱动其电平不断地转换（由逻辑笔电路做程序状态监视）。

· 在中断服务程序中将 $P_{3.3}$ 置位（$P_{3.3} = 1$），实现对计数器"加 1"并（通过 P1 口）显示的功能。

· 中断结束后回到主程序，程序继续对 $P_{3.3}$ 的电平不断取反。

（4）准备工作

预习单片机中断结构及编程原理，掌握 IE 寄存器的功能。

（5）实验电路及连接

P1 设计为输出口并使用排线将 P1 口与 8 个 LED 灯有序连接。使用单独连接线将 KEY1 与 /INT0 连接，以通过按动 KEY1 产生的"高-低-高"电平模拟外部的低电平单脉冲中断信号。使用单独连接线将 $P_{3.3}$ 与 C2 区的逻辑笔电路的 TEST 端连接（如图 6-16 所示）（逻辑笔输入为 1 时红灯亮）。

编写、使用中断服务程序时，要注意以下几点：

· 中断矢量：即中断入口的使用。本程序使用的是 /INT0，即入口地址是 8003H（理论值 0003H）。

· 进入中断服务程序时，要注意对原始数据的保护，即"保护现场"。待服务程序完成返回前再恢复数据，即"恢复现场"。

· 正确地设置中断允许位。通过对寄存器 IE 的编程，开放需要的中断源，关闭其余无关的中断源。

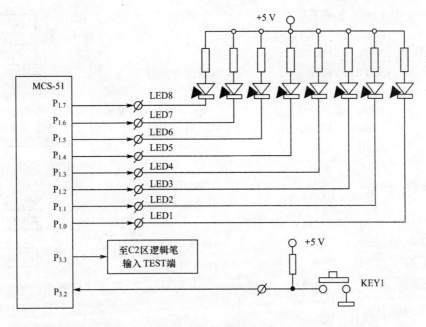

图 6-16　实验电路框图

• 使用开关 K1 的"高-低-高"操作来模拟外部中断的单脉冲中断信号。

🐌 **注意**　开关在操作时会产生大量的"抖动",这些"抖动"会造成错误的中断重复调用。为了避免开关因抖动而产生错误,应当在中断服务程序中加入由延时等措施构成的"防抖程序"(如图 6-17 所示)。

• 设定外中断/INT0 为电平触发。

• 实验程序中,使用了两个子程序:"延时子程序"和"/INT0 中断服务子程序"。注意两个子程序调用方法的区别。防抖动所需要的延时时间只要大于 20 毫秒即可。

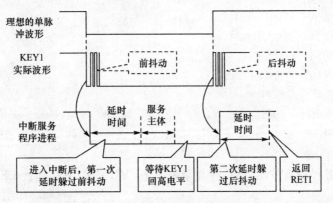

图 6-17　软件防抖动示意图

(6)参考程序及流程图(图 6-18 为相应流程图)

```
ORG      8000H
LJMP     START
ORG      8003H                    ;INT0 中断入口地址
```

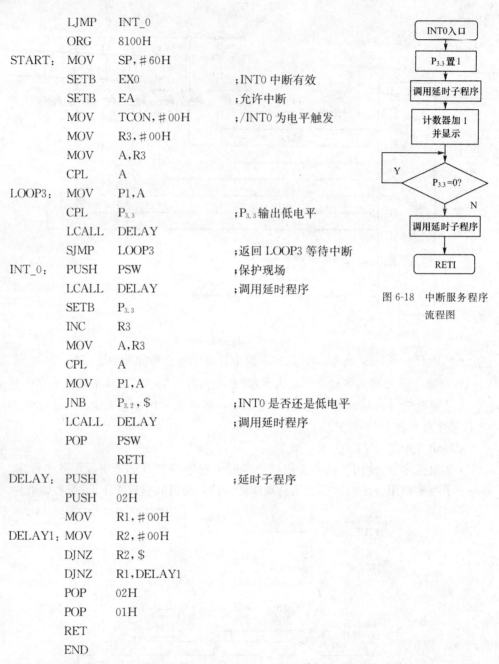

```
        LJMP    INT_0
        ORG     8100H
START： MOV     SP,♯60H
        SETB    EX0             ;INT0 中断有效
        SETB    EA              ;允许中断
        MOV     TCON,♯00H       ;/INT0 为电平触发
        MOV     R3,♯00H
        MOV     A,R3
        CPL     A
LOOP3： MOV     P1,A
        CPL     P3.3            ;P3.3 输出低电平
        LCALL   DELAY
        SJMP    LOOP3           ;返回 LOOP3 等待中断
INT_0： PUSH    PSW             ;保护现场
        LCALL   DELAY           ;调用延时程序
        SETB    P3.3
        INC     R3
        MOV     A,R3
        CPL     A
        MOV     P1,A
        JNB     P3.2,$          ;INT0 是否还是低电平
        LCALL   DELAY           ;调用延时程序
        POP     PSW
        RETI
DELAY： PUSH    01H             ;延时子程序
        PUSH    02H
        MOV     R1,♯00H
DELAY1：MOV     R2,♯00H
        DJNZ    R2,$
        DJNZ    R1,DELAY1
        POP     02H
        POP     01H
        RET
        END
```

图 6-18 中断服务程序
流程图

    注意 当程序正常运行时,每按动一下 KEY1 按键,可以通过 LED1~LED8 显示出加 1 的效果。

为了验证中断服务程序中的防抖效果,可以临时屏蔽防抖功能(将中断子程序中的两条延时调用屏蔽掉),再运行一下程序,观察计数器加 1 的效果是否正常,如果按动一下 KEY1 显示的结果不是加 1,说明原因。

【采用 C 语言编程的参考程序】

```c
#include "reg51.h"
unsigned char i,j, temp=0x00,temx=0x00;
sbit   P3_2=P3^2;
sbit   P3_3=P3^3;
void delay();
main()
{
  EA=1;
  EX0=1;
  TCON=0x00;
  temp=~temp;
  while(1)
  {  P1=temp;
     P3_3=0;
     delay();
  }
}
void int0() interrupt 0 using 0
{
  delay();
  P3_3=1;
  temx++;
  temp=temx;
  temp=~temp;
  P1=temp;
  while(P3_2!=1);
  delay();
}
void delay()
{  for(i=0;i<100;i++)
   for(j=0;j<100;j++);
}
```

【程序说明】

在 C51 编程中,中断的调用是通过一个函数来实现的:

```c
void time0(void) interrupt m using n
```

其中:

m:中断类型(0~4),它对应着 51 单片机的 5 个中断矢量(根据中断源选择:INT0 时选择 0,T0 时选择 1,INT1 时选择 2,T1 时选择 3,串行口选择 4);

n:定义中断子函数对寄存器组使用(0~3),实际上就是 51 单片机的 4 个工作寄存器区的选择(一般选择 0 即可)。

思考题

使用汇编和 C 两种语言方式将程序改成查询结构。

🐾 注意

- 使用汇编语句时,可使用位测试指令(JB $P_{3.2}$,____)来处理 KEY1 的加 1 操作。
- 使用 C 语言时,可使用下列语句结构进行条件判断,实现不同的操作:

if (P3_2==0)
  {
    ... ; P3_2==0 时的操作
  };

6.4　定时/计数器实验

定时/计数器是微控制器中非常重要的外围模块。它不仅可以完成定时、计数功能,在新型微控制器中还为其他模块提供了重要的硬件基础,如:对外部引脚上输入信号的捕捉(频率检测)、对外输出某一频率的方波(输出比较)、控制电机转速的 PWM(脉宽调制)等。

在 MCS-51 单片机内部具有两个完全相同的定时/计数器 T0、T1(采用加 1 方式计数),用以实现系统的定时、计数功能。在传统的计算机编程中,常常使用软件循环的方式产生所要求的"延时"功能,如前面程序中的 DELAY 延时子程序。软件延时的缺点在于它占用 CPU 的资源。CPU 靠消耗延时子程序中的指令运行时间来完成延时需要,这就意味着 CPU 此时不能去做其他任何的事情,降低了 CPU 的工作效率。

硬件定时/计数器相当于为 CPU 配备了一个硬件"手表",如果需要定时(延时)时,不需要 CPU 自己去"数秒",而是借助于这块"手表"为它定时。在这块"手表"定时期间,CPU 可以去做其他的工作。一旦"手表"定时时间到,这块"手表"就会以"中断"的方式来提醒 CPU 进行相应的操作。当然,CPU 也可以以"查询"的方式来观察"手表"的定时时间到否,只是这种方式仍然会占用 CPU 的资源罢了。

对定时计数器编程往往是初学者感觉难以掌握的内容,原因是其初始化的内容较多不便于记忆。实际上对定时/计数器的初始化是有其规律的。

使用定时/计数器编程时的初始设定工作可以概括为五个步骤:

(1)根据要求设定定时/计数器的工作方式(定时或计数)。

(2)设定定时/计数器的工作模式(四种模式之一)。

(3)计算并向定时计数器添加定时或计数的初值 TC。

(4)启动定时/计数器开始工作(SETB TR0 或 SETB TR1)。

(5)开放定时/计数器的中断允许位(如果采用中断方式编程)。

上述的过程实际上是通过使用指令对相关的 SFR 赋值或使用位操作直接设定 SFR 中的某些位得以实现的。因此,了解定时/计数器的电路结构、掌握相关 SFR 的初始化方法就成为学习和掌握定时/计数器编程的关键。

6.4.1　MCS-51 定时/计数器的电路结构、特点与工作模式

图 6-19 至图 6-21 描述了模式 0、模式 1、模式 2、模式 3 的电路结构图：

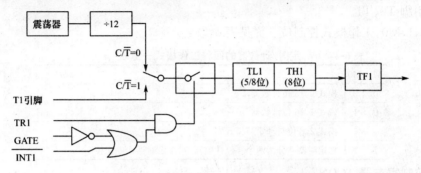

图 6-19　模式 0(13 位)、模式 1(16 位)T1 电路结构图

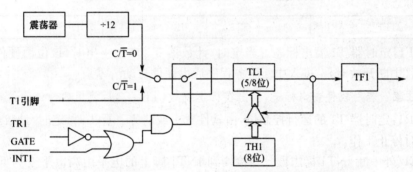

图 6-20　模式 2T1 8 位自动重装电路结构图

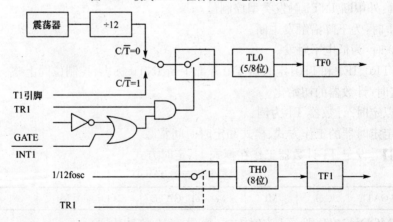

图 6-21　模式 3 T0 电路结构图(此时 T1 可先设定为模式 2 运行)

1. 与定时/计数器相关的 SFR 寄存器

(1)模式控制寄存器 TMOD

GATE	C/T	M1	M0	GATE	C/T	M1	M0
定时/计数器 1				定时/计数器 0			

• GATE:选通门。GATE＝1 时,只有/INTi 信号为高电平且 TRi＝1 时计数器才

开始工作;GATE＝0 时,只要 TRi＝1,定时/计数器就开始工作,而与/INTi 信号无关。

• C/T:计数器方式、定时方式选择位(参见图 6-19～6-21):C/T＝0 时,设定为定时方式,计数脉冲来自内部时钟系统的 fosc/12;C/T＝1 时,设定为计数方式,计数脉冲来自外部引脚 T0、T1。

• M1,M0:工作模式控制位。详见表 6-4。

表 6-4　　　定时/计数器的四种工作模式一览表

M1	M0	工　作　模　式
0	0	模式 0,13 位计数器
0	1	模式 1,16 位计数器
1	0	模式 2,8 位自动重装模式
1	1	将定时器 0 分为两个 8 位计数器,对于定时器 1 停止控制。

2. 控制寄存器 TCON

(1)标志位

TF1	TR1	TF0	TR0	IE1	IT1	IE0	IT0

• TF1:定时器 T1 溢出标志。当定时/计数器 T1 产生溢出时,该位由硬件置 1,并申请中断(中断开放时)。进入中断服务程序后由硬件自动清零。

🐾**注意**　若用软件查询标志,应当在标志有效(TF＝1)后使用软件清除该标志。

• TR1:定时器 T1 的运行控制位,由软件置 1 或清零。置 1 时,定时/计数器开始工作,清零时停止工作。

• IE1:外中断 INT1 标志位。当检测到 INT1 脚上的电平由高电平变为低电平时,该位置位并请求中断。进入中断服务程序后,该位自动清除。

• IT1:外中断 INT1 触发类型控制位。

IT＝1 时:为下降沿触发中断。

IT＝0 时:为低电平触发。

TF0、TR0、IE0 和 IT0:定时器 T0、外部中断 INT0 标志、控制位同上略。

(2)定时/计数器的初始化

我们以定时/计数器 T1 为例。

• 确定定时器的工作方式、模式和定时时间常数。

【举例】　设定 T1 计数器工作在模式 1 ,定时方式。

模式控制寄存器 TMOD

GATE	C/T	M1	M0	GATE	C/T	M1	M0

TMOD＝10H,即:T1 定时方式,模式 1(16 位计数器)。

0	0	0	1	0	0	0	0

• 计算定时/计数器的定时初值 TC。

T1 定时初值 TC 的计算:

$$TC = M - T/T_{计数} \tag{6.1}$$

其中　TC:定时初值。

M：计数器模值（模式 1 为 65536）。

T：为定时时间。

$T_{计数}$：单片机时钟周期的 12 倍。

【举例】　设定时时间为 50 ms。

本实验装置采用 11.0592 MHz 的晶体，所以 $T_{计数}$ 为 1.085 μs，按公式 6.1 计算：

$$TC = 65536 - (50\ ms/1.085\ \mu s)$$
$$= 65536 - 46083$$
$$= 19452 = 4BFCH \tag{6.2}$$

所以 TH1＝4BH，TL1＝0FCH

在编程中使用两条传送指令将 16 位的定时初值写入 TH1、TL1 中即可。

如：MOV　TH1，♯4BH

　　　MOV　TL1，♯0FCH

• 计数器初值 TC 的计算方法（如果定时计数器设定为计数方式）：

$$TC = M - C \tag{6.3}$$

其中　TC：定时初值。

　　　M：计数器模值（模式 1 为 65536）。

　　　C：计数值。

• 开放 T1 中断（如果使用中断的方式编程）。

【举例】　SETB　EA　　；开放总的中断允许位

　　　　　SETB　ET1　；允许 T1 中断

启动定时/计数器 T1。

【举例】　SETB　TR1　；启动 T1 开始计数

6.4.2　定时/计数器的编程实验(一)：秒定时实验

(1)实验目的

• 通过对 T1 的编程，学习、掌握定时器的初值计算、方式及模式设定等初始化方法。

• 学习采用查询和中断两种方式的编程技术。

• 掌握秒脉冲的设计方法，为后续实验打好基础。

(2)实验要求

编写一个程序，使用单片机内部的定时器 T1，通过 P1 口控制 8 个发光二极管 LED1～LED8，每一秒改变一次亮或灭的状态。

(3)实验电路及连线

题目要求定时时间为 1 s(即 1000 ms)，选定时器 T1 为定时工作方式 1(16 位计数方式)。设置定时时间为 50 ms。在程序中采用循环 20 次来达到定时 1 s，即 50 ms×20＝1000 ms(参见图 6-22)。

(4)准备工作

预习定时器的结构、编程原理和初始化方法。

（5）实验连线

使用 8 线排线，将单片机的 P1 口与发光二极管 LED1～LED8 连接（参见图 6-22）。

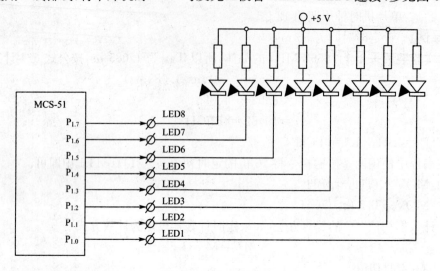

图 6-22　实验电路图

（6）参考程序及流程图（如图 6-23 所示）

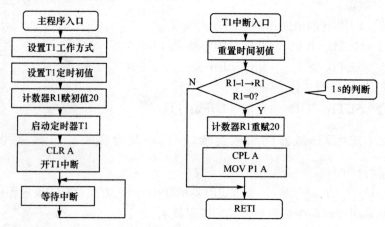

图 6-23　实验程序流程图

程序 T1. ASM

```
              ORG    8000H
              AJMP   START
              ORG    801BH           ；T1 中断入口地址
              AJMP   INT_T1
              ORG    8100H
START：MOV     SP，#60H
              MOV    TMOD，#10H      ；置 T1 为方式 1
              MOV    TL1，#0FCH      ；设置定时（50 ms）初值
              MOV    TH1，#4BH
```

```
        MOV     R1,#20
        SETB    TR1                 ;启动 T1
        CLR     A
        SETB    ET1                 ;开 T1 中断
        SETB    EA                  ;允许中断
        SJMP    $                   ;等待中断
INT_T1:                             ;T1 中断服务子程序
        PUSH    PSW                 ;保护现场
        MOV     TL1,#0FCH           ;延时常数
        MOV     TH1,#4BH
        DJNZ    R1,EXIT
        MOV     R1,#20              ;延时一秒的常数
        CPL     A
        MOV     P1,A
EXIT：  POP     PSW                 ;恢复现场
        RETI
        END
```

【采用 C 语言编写的参考程序】

```c
#include "reg51.h"
unsigned char i=0,j=0,k=0;
main()
{
    TMOD=0x01;
    TL0=0xfc;
    TH0=0x4b;
    TR0=1;
    EA=1;
    ET0=1;
    while(1);
}


void timer0() interrupt 1 using 0
{   TL0=0xfc;
    TH0=0x4b;
    j+=1;
    if(j==20)
    { j=0;
    k=~k;
    P1=k;
    }
}
```

思考题(采用汇编或 C51 语言实现)

• 选择一个工作寄存器 Rn(参数)为"秒计数器",原始清零。将中断服务程序中的秒操作修改为每一秒钟对计数器加 1,并通过累加器 A 向 P1 口输出。要求 P1 口按照正逻辑显示。

• 将上述程序改为查询方式

修改后思考题程序清单 INT_1. ASM(编程参见图 6-24(a)、图 6-24(b)):

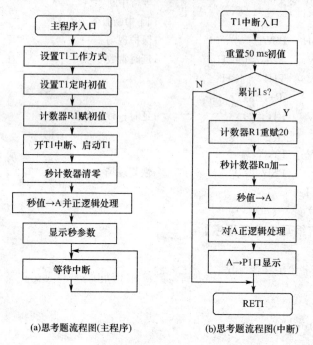

(a)思考题流程图(主程序)　　　(b)思考题流程图(中断)

图 6-24　思考题流程图

6.4.3　定时/计数器的编程实验(二):蜂鸣器驱动实验

蜂鸣器是一种发声元件,与扬声器相比具有体积小、安装容易的特点,适合在单片机最小系统板上安装使用。一般可作为"键盘按键音"、"报警提示音"或简易的"音乐播放器"使用(参见图 6-25)。

图 6-25　蜂鸣器外形图

蜂鸣器按发声构造分为压电式蜂鸣器和电磁式蜂鸣器两种,按驱动方式分为直流驱动和交流驱动。在选择使用蜂鸣器时,要着重考虑驱动方式的不同,因为驱动方式的不同会导致不同的驱动程序设计和不同的使用效果,在设计中应当引起注意。

　(1)直流驱动蜂鸣器:内部具有多谐振荡器等元件,所以只要提供一个直流电压,蜂鸣器就可以发出某一固定频率的声响。这种蜂鸣器的外部特点是:引脚具有极性要求,否则不能正常工作。使用万用表的欧姆挡测量时其正向导通电阻约为 10 K 左右,反向电阻无穷大。

　在设计使用时必须注意:对于 MCS-51 单片机,其端口不能"拉电流",因此不能直接驱动蜂鸣器。建议使用一个 PNP 三极管(8550)驱动蜂鸣器实现逻辑控制(参见图6-26)。

　直流驱动器的优点是控制简单、使用方便,缺点是发声频率不可变、不适合音阶需要变化的场合。

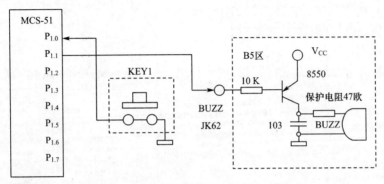

图 6-26　实验电路

　(2)交流驱动蜂鸣器(以电磁式为例):内部结构类似于动圈式扬声器,通过线圈与磁铁相互作用产生往复运动而发声。所以此种蜂鸣器必须有一个交变的信号驱动才能发出声音(参见图 6-27),这一点与普通的动圈式扬声器的发声原理相同。交流驱动蜂鸣器的外部特征是:引脚不分极性,内阻较低(10 欧姆左右)。

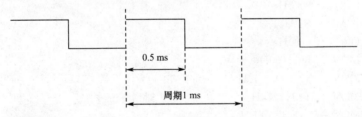

图 6-27　1000 Hz 方波波形图

　在设计接口时应当注意:由于交流驱动电磁式蜂鸣器的内阻较低,所以不能直接与单片机的端口连接。一般使用一个 PNP 三极管(8550)驱动(参见图 6-26)。之所以采用 PNP 三极管是因为 MCS-51 单片机的端口在上电复位时为高电平,这样可以使 PNP 三极管处于截止状态,避免不必要的发声和电流消耗。与蜂鸣器(BUZZ)连接的保护电阻为 47 欧姆左右,作用是保护三极管,避免三极管在长时间导通时因 BUZZ 内阻过低、电流过大而损坏三极管。

　(1)实验目的
- 利用定时/计数器 T1 输出一个特定频率的方波并驱动蜂鸣器发声。
- 为定时/计数器送入不同的初值,体验蜂鸣器的发生频率与初值的对应关系。
- 进一步熟练掌握定时/计数器模块的定时初值计算方法。

(2)实验要求

利用一个按键 KEY,每当按下按键时,驱动蜂鸣器发出 1000 Hz 的声音。

(3)算法说明

• 首先计算 1000 Hz 的定时时间参数。1000 Hz 的周期为 1 毫秒,这样定时器利用 CPL 指令驱动蜂鸣器的定时周期为 0.5 ms(参见图 6-27)。

• 初值 TC 的计算:

$$TC = M - T/T_{计数}$$

其中

TC:定时初值。

M:计数器模值(模式 1 为 65536)。

T:定时时间。

$T_{计数}$:单片机时钟周期的 12 倍(采用 11.0592 MHz 的晶体,所以 T 计数为 1.085 μs)。

$$TC = 65536 - (500/1.085)$$
$$= 65536 - 461$$
$$= 65075 = FE33H \tag{6.4}$$

(4)准备工作

了解蜂鸣器驱动原理,掌握定时器初值常数与蜂鸣器发生频率之间的关系。

(5)实验电路及连线

使用两条独立连接线分别将 KEY1 与 $P_{1.0}$、$P_{1.1}$ 与实验台 B5 区的蜂鸣器输入端 BUZZ 连接(参见图 6-26 实验电路)。

(6)参考程序及流程图

```
        ORG    8000H
        AJMP   START
        ORG    8100H
START:  MOV    SP,#60H
        MOV    TMOD,#10H        ;置 T1 为方式 1
        MOV    TL1,#33H         ;设置定时 0.5 ms 初值
        MOV    TH1,#0FEH
        SETB   TR1              ;启动 T1
LOOP:   JNB    TF1,$
        CLR    TF1
        MOV    TL1,#33H         ;重装 0.5 ms 初值
        MOV    TH1,#0FEH
        JB     P1.0,LOOP        ;无按键转 LOOP
        CPL    P1.1             ;驱动蜂鸣器
DOWN:   SJMP   LOOP
        END
```

【采用 C 语言编写的参考程序】

```
#include "reg51.h"
sbit   P1_0=P1^0;
```

```
sbit    P1_1=P1^1;
main()
{
    IE=1;
    TMOD=0x10;
    TL1=0x33;
    TH1=0xfe;
    TR1=1;
    while(1)
    {
      do
      {
        while(TF1!=1);
        TF1=0;
        TL1=0x33;
        TH1=0xfe;
      }
      while(P1_0==1);
      P1_1=~P1_1;
    }
}
```

图 6-28 为程序流程图,图 6-29 为 do-while 语句结构流程图:

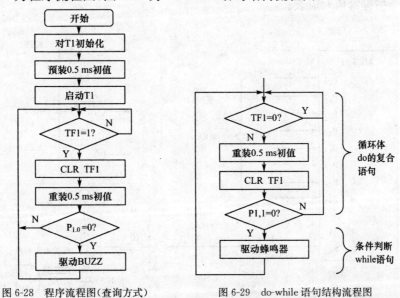

图 6-28　程序流程图(查询方式)　　　　图 6-29　do-while 语句结构流程图

(1)整个程序是由 while 语句构成的一个无限循环结构。

(2)在无限循环结构的内部采用了 do-while 结构。即先执行 do 语句的循环体,然后通过 while 语句对 P1_1 的电平进行判断;如果条件为"真"(P1_1=1),则返回 do 语句的循环体,一旦 while 的条件为假,则跳出循环体,返回到外层的无限循环继续。

(3)有关 do-while 语句的详细说明可参见 C 语言的相关内容。

6.4.4　定时/计数器的编程实验(三):简易电子琴设计实验

(1)实验目的

· 利用 DP-51PROC 综合实验台上的 KEY1～KEY8 模拟电子琴的 8 个音阶(do～xi 到高音 do)键。

· 利用定时器产生 8 个音阶方波频率的定时参数(定时初值)。

· 为了简化程序的结构,发音部分采用子程序结构,入口参数 R7、R6 装载定时的初值。

(2)实验要求

· 初始化部分:设定定时器的工作方式、工作模式,并启动 T1。

· 一系列的键值判断过程,读 P1 到 A,将 A 取反后获取键值,确定每一个按键的发音初值。

(3)算法说明

利用 CJNE 指令实现多分支程序,根据按键决定蜂鸣器的发声频率。

(4)准备工作

了解 CJNE 指令的特点,运用 CJNE 指令构造分支程序的方法。

(5)实验电路及连接

使用 8 线排线将 KEY1～KEY8 与 $P_{1.0}$～$P_{1.7}$ 连接起来,再使用一条单独连接线将 $P_{3.3}$ 与蜂鸣器驱动输入连接起来(参见图 6-30),表 6-5 所示为音阶、频率、周期及定时器初值和 8 个按键键值对应表。

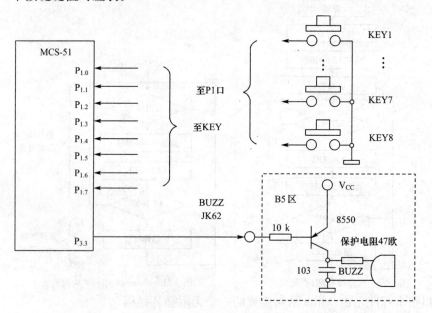

图 6-30　模拟电子琴电路

表 6-5　　　　　　　　音阶、频率、周期及定时器初值和 8 个按键键值对应表

音阶 (C4 大调)	对应的频率 (Hz)	周期/半周期 (微秒)	定时器初值 十进制/十六进制	对应按键 和取反后得到的键值
1(do)	262	3817 / 1908	63777 / F921H	KEY1 / 01H
2(ra)	294	3401 / 1701	63968 / F9E0H	KEY2 / 02H
3(mi)	330	3030 / 1515	64139 / FA8BH	KEY3 / 04H
4(fa)	349	2865 / 1433	64215 / FAD7H	KEY4 / 08H
5(so)	392	2551 / 1276	64360 / FB67H	KEY5 / 10H
6(la)	440	2273 / 1136	64489 / FBE8H	KEY6 / 20H
7(xi)	494	2024 / 1012	64603 / FC5BH	KEY7 / 40H
1(do)h	523	1912 / 0956	64655 / FC8EH	KEY8 / 80H

(6) 参考程序清单(图 6-31 为主程序流程图,图 6-32 为 MUSIC 子程序流程图)

```
            ORG     8000H
            AJMP    START
            ORG     8100H
START：     MOV     SP,#60H
            MOV     TMOD,#10H        ;置 T1 为方式 1
            SETB    TR1              ;启动 T1
LOOP1：     MOV     P1,#0FFH
            MOV     A,P1
            MOV     R5,A
            CPL     A
            JZ      LOOP1
            CJNE    A,#01H,LOOP2
            SJMP    DO
LOOP2：     CJNE    A,#02H,LOOP3
            SJMP    RA
LOOP3：     CJNE    A,#04H,LOOP4
            SJMP    MI
LOOP4：     CJNE    A,#08H,LOOP5
            SJMP    FA
LOOP5：     CJNE    A,#10H,LOOP6
            SJMP    SO
LOOP6：     CJNE    A,#20H,LOOP7
            SJMP    LA
LOOP7：     CJNE    A,#40H,LOOP8
            SJMP    XI
LOOP8：     CJNE    A,#80H,LOOP1
```

```
            SJMP    HDO
            SJMP    LOOP1
DO:         MOV     R7,#0F9H
            MOV     R6,#21H
            SJMP    LOOP
RA:         MOV     R7,#0F9H
            MOV     R6,#0E0H
            SJMP    LOOP
MI:         MOV     R7,#0FAH
            MOV     R6,#8BH
            SJMP    LOOP
FA:         MOV     R7,#0FAH
            MOV     R6,#0D7H
            SJMP    LOOP
SO:         MOV     R7,#0FBH
            MOV     R6,#67H
            SJMP    LOOP
LA:         MOV     R7,#0FBH
            MOV     R6,#0E8H
            SJMP    LOOP
XI:         MOV     R7,#0FCH
            MOV     R6,#5BH
            SJMP    LOOP
HDO:        MOV     R7,#0FCH
            MOV     R6,#8EH
            SJMP    LOOP
LOOP:       LCALL   MUSIC
            SJMP    LOOP1
MUSIC:      MOV     TL1,R6          ;设置定时 0.5 ms 初值
            MOV     TH1,R7

LOOP9:      JNB     TF1,$
            CLR     TF1
            MOV     TL1,R6          ;重装 0.5 ms 初值
            MOV     TH1,R7
            CPL     P3.3            ;有按键操作时驱动蜂鸣器
            MOV     A,P1
            CPL     A
            JNZ     LOOP9
            SETB    P3.3
DOWN:       RET
            END
```

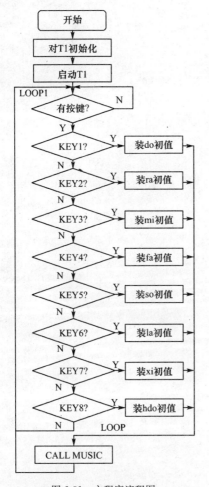

图 6-31　主程序流程图　　　　　图 6-32　MUSIC 子程序流程图

【采用 C 语言编写的 7 音阶参考程序】

```
#include "reg51.h"
unsigned char i,j,temp；
sbit    P3_3＝P3^3；
void    DO()；
void    RA()；
void    MI()；
void    FA()；
void    SO()；
void    LA()；
void    XI()；
void    HDO()；
void    MUSIC()；
main()
{
        IE＝0；
```

```
        TMOD=0x10;
        TR1=1;
        while(1)
    {
        do
    {   P1=0xff;
        temp=P1;
        temp=~temp;
    }
        while(temp==0x00);
        switch(temp)
    {   case 0x01 ;DO();break;
        case 0x02 ;RA();break;
        case 0x04 ;MI();break;
        case 0x08 ;FA();break;
        case 0x10 ;SO();break;
        case 0x20 ;LA();break;
        case 0x40 ;XI();break;
        default ;HDO();break;
    }
        MUSIC();
    }
}
void   DO()
{ i=0x21;
  j=0xf9;
}
void   RA()
{ i=0xe0;
  j=0xf9;
}
void   MI()
{ i=0x8b;
  j=0xfa;
}
void   FA()
{ i=0xd7;
  j=0xfa;
}
void   SO()
{ i=0x67;
  j=0xfb;
```

```
}
void   LA()
{ i=0xe8;
  j=0xfb;
}
void   XI()
{ i=0x5b;
  j=0xfc;
}
void   HDO()
{ i=0x8e;
  j=0xfc;
}
void   MUSIC()
{ TL1=i;
  TH1=j;
  do
  {
    while(TF1! =1);
    TF1=0;
    TL1=i;
    TH1=j;
    P3_3=~P3_3;
   temp=~P1;
  }
  while(temp! =0x00);
  P3_3=1;
}
```

图 6-33 所示为 switch 多分支流程图,图 6-34 所示为程序流程图。

【程序说明】

(1)do-while 语句结构:如果没有按键操作(P1＝00H)则继续检测按键。

(2)多分支结构的 switch 语句,与 if 语句相比 switch 更适合多种条件的判断及处理。

(3)关于 switch 语句的说明:

• switch 后面括弧内的表达式,ANSI 标准允许它为任何类型。

• 当表达式的值与某一个 case 后面的常量表达式的值相等时,就执行此 case 后面的语句。若所有 case 中的常量值都不与表达式的值相匹配,就执行 default 后面的语句。

• 每一个 case 的常量值都必须是不同的。

• 在程序中,case 与 default 的出现次序不影响程序执行的结果。

• 执行完某一条 case 后面的语句后,程序流程控制自动转移到下一条 case 语句。

此时对下面的 case 常数不再进行判断。也就是说：一旦从一个 case 进入，就会从此语句开始顺序执行。

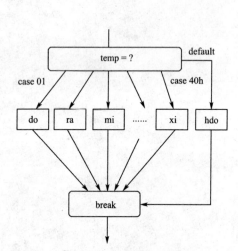

图 6-33   switch 多分支流程图

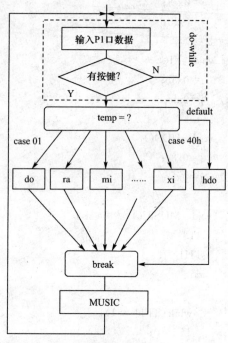

图 6-34   程序流程图

• 如果要设计一个真正意义上的多分支程序，就应当在每一条 case 语句之后再加上一个 break 语句，以跳出 case 结构，在本程序中就采用了此种结构。

• 在程序中，不同的音阶发声是靠运行不同的函数来实现的。如：

```
void      DO();
void      RA();
void      MI();
void      FA();
void      SO();
void      LA();
void      XI();
void      HDO();
```

在函数中设定定时器不同的定时时间（与频率相关），然后再调用 MUSIC() 函数进行发声。

思考题：试利用上述程序，编写一个能够唱歌的程序。

提示：歌曲是由音阶和节拍构成，同时还要有一定的停顿（休止符）。

6.4.5   定时/计数器的编程实验（四）：PWM 电路及直流电机调速实验

(1)实验目的

学习掌握 PWM 原理及应用。

PWM 即脉宽调制（Pulse Width Modulation）技术，被广泛用于开关电源、直流电机调速、简易 D/A 变换器、步进电机变频控制等。

PWM 波形的特点是周期固定、脉宽可变（如图 6-35 所示）。其波形脉宽可以根据需要进行随时调整，这样，在整个周期中 PWM 输出的直流电平的平均值就会随着脉宽的变化而变化。

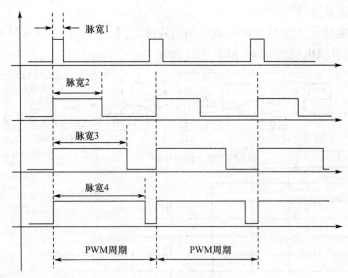

图 6-35   PWM 电路输出波形图

（2）实验要求

在许多新型号的单片机中，内部已经设计有 PWM 电路，对应有周期寄存器和脉宽寄存器，编程者只要根据需要设定、修改相关的参数就可以实现对 PWM 输出的脉宽控制。在这类单片机中 PWM 模块电路中实际上是借助于专用寄存器和定时器来实现 PWM 功能。

在 MCS-51 系列单片机的早期产品中不具备 PWM 模块，但是可以利用它所具有的两个定时器来实现 PWM 功能。例如：选择 T0 作为周期寄存器、T1 作为脉宽寄存器。设定 T0、T1 都是定时方式、模式 2（8 位初值自动重装模式）以简化程序。其中 T0（周期寄存器）初值为 00H（最大 256），而 T1（脉宽寄存器）的初值根据需要而随时调节（如图 6-36 所示）。

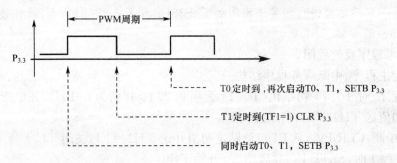

图 6-36   使用 T0、T1 实现 PWM 功能示意图

（3）算法说明

利用 T1 做 PWM 的脉宽计数器、T0 做 PWM 的周期寄存器，注意，T0 的初值应大于 T1 的初值。

（4）准备工作

学习掌握 PWM 原理及编程方法。

（5）实验电路及连线

从 P1 口读取数据产生与 PWM 波形相关的脉宽，利用 B6 区的 PWM 电压转换电路（积分器）实现对直流电机的驱动（如图 6-37 所示）。

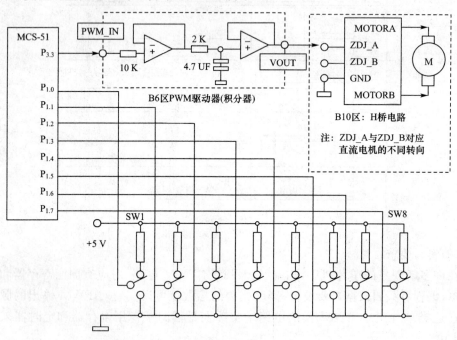

图 6-37　实验电路

🐌 **注意**　将 PWM 电路与一个积分器连接。利用积分器具有的 DAC 功能，将不同的脉宽转换成不同的直流电压实现直流电机的不同转速（如图 6-37 所示）。也可以利用 C4 区的运放 LM324 搭建一个跟随器，以 PWM 的形式直接驱动直流电机（注意：LM324 的电源极性一定不要接错），相关流程图如图 6-38（a）和图 6-38（b）所示，具体波形和电路参见图 6-39～图 6-43。

（6）参考程序及流程图

程序为主程序、中断服务程序结构。

• **主程序**：对 T0、T1 初始化（T0、T1 为模式 2，T0 初值为 0FFH），开中断，从 P1 口读入脉宽初值送 TH1、TL1，启动 T0、T1。

• **T1 中断**：CLR P$_{3.3}$，从 P1 口读脉宽初值并送 TH1、TL1，关闭 T1，等待 T0 周期结束。待 TF0＝1 时，SETB P$_{3.3}$并启动 T0 开始工作。

```
ORG    8000H
LJMP   8100H
```

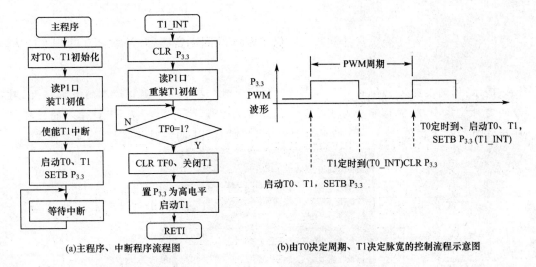

(a)主程序、中断程序流程图　　　　　　　(b)由T0决定周期、T1决定脉宽的控制流程示意图

图 6-38　相关流程图

```
        ORG    801BH
        LJMP   T1_INT
        ORG    8100H
START:  MOV    SP,#60H
        MOV    TMOD,#22H
        MOV    TH0,#00H
        MOV    TL0,#00H
        CLR    P3.3
        MOV    P1,#0FFH
        MOV    A,P1
        CPL    A
        MOV    TH1,A
        MOV    TL1,A
        SETB   EA
        SETB   ET1
        SETB   TR0
        SETB   TR1
        SETB   P3.3
        SJMP   $
T1_INT: CLR    P3.3
        MOV    A,P1
        CPL    A
        CLR    TR1
        MOV    TH1,A
        MOV    TL1,A
        JNB    TF0,$
        CLR    TF0
```

```
SETB    P3.3
SETB    TR1
RETI
END
```

提示:因为定时器初值的大小与定时时间成反比,这样,从 P1 口读入的数据越大,对应的定时就越小,脉宽越窄。为了符合人们正常的习惯,程序中将从 P1 口读入的数据取反后作为定时器初值,这样,P1 口的数据越大,定时器 T1 的定时就越长、脉宽就越宽。

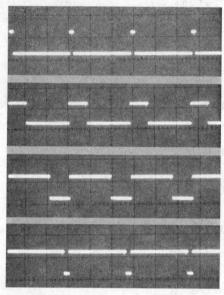

图 6-39   不同占空比的 PWM 实测波形

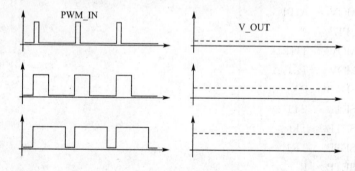

图 6-40   B6 区积分器输入的 PWM 波形(左)和输出端 V_OUT 波形图(右)

【采用 C 语言编写的参考程序】

```
#include "reg51.h"
#include "stdio.h"
unsigned char temp;
sbit P3_3=P3^3;
main()
{
    TMOD=0x22;
```

```
        TL0＝0x00；
        TH0＝0x00；
        P3_3＝0；
        P1＝0xff；
        temp＝P1；
        temp＝～temp；
        TL1＝temp；
        TH1＝temp；
        EA＝1；
        ET1＝1；
        TR0＝1；
        TR1＝1；
        P3_3＝1；
        while(1)；
    }
    void timer1() interrupt 3 using 0
    {   P3_3＝0；
            temp＝P1；
        temp＝～temp；
        TR1＝0；
        TL1＝temp；
        TH1＝temp；
        while(TF0! ＝1)；
        TF0＝0；
        P3_3＝1；
        TR1＝1；
    }
```

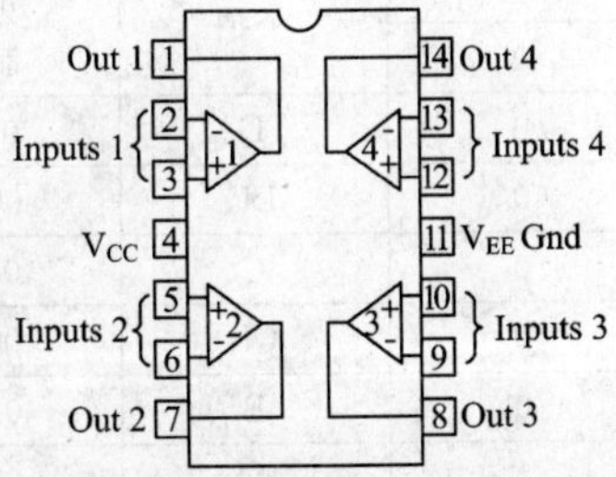

图 6-41　C4 区 LM324 元件引脚图

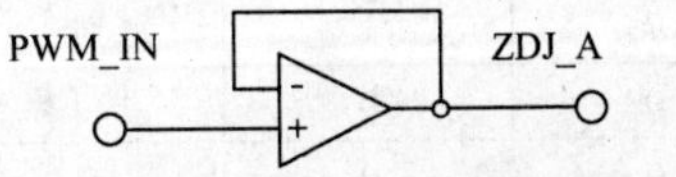

图 6-42　利用 1/4 LM324 构成的跟随器

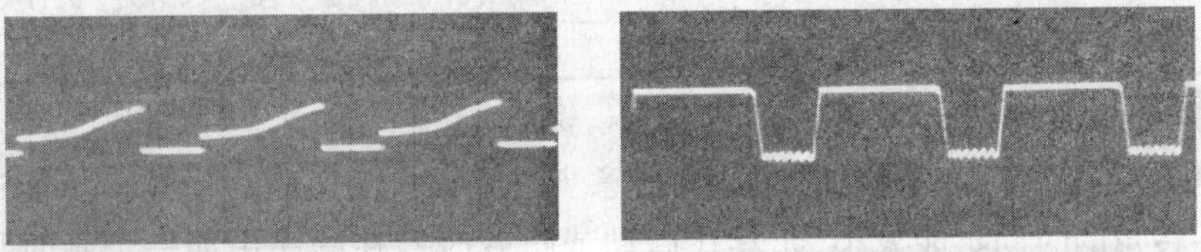

(a)P_{3.3}直接驱动时的输出波形

(b)采用跟随器驱动后的输出波形

图 6-43　直接驱动时和采用跟随器时的输出波形

6.4.6 定时/计数器的编程实验(五):步进电动机调速实验

(1)实验目的

学习、了解步进电动机的工作原理及驱动方法。

步进电动机是一种将脉冲信号变换成相应的角位移(或线位移)的电磁装置,是一种特殊的电动机。一般电动机都是连续转动的,而步进电动机则有定位和运转两种基本状态,当有脉冲输入时步进电动机一步一步地转动,每给它一个脉冲信号,它就转过一定的角度;当没有新的脉冲信号时,电动机则保持定位状态。步进电动机的角位移量和输入脉冲的个数严格成正比,在时间上与输入脉冲同步,因此,只要控制输入脉冲的数量、频率及脉冲的相序,便可获得所需的转角、转速及转动方向。

步进电动机有一个技术参数:空载启动频率,即步进电动机在空载情况下能够正常启动的脉冲频率,如果脉冲频率高于该值,电动机不能正常启动,可能发生丢步或堵转。在有负载的情况下,启动频率应更低。如果要使电动机达到高速转动,脉冲频率应该有加速过程,即启动时频率较低,然后按一定加速度升到所希望的高频(电机转速从低速升到高速)。另外:步进电动机所能产生的最小转角为"最小步距角",不同的电动机其参数是不同的。

本实验台上的电动机为四相结构。可以采用不同的方式加以驱动:

- 单四拍方式:A→B→C→D。
- 双四拍方式:AB→BC→CD→DA。
- 单双八拍方式:A→AB→B→BC→C→CD→D→DA。

可以分别观察不同方式下每一拍电动机所旋转的角度和转速。

(2)实验要求

按照单双八拍的方式驱动 C8 区上的步进电动机,单双八拍驱动程序如表 6-6 所示。

表 6-6 单双八拍驱动顺序表

$P_{1.3}$	$P_{1.2}$	$P_{1.1}$	$P_{1.0}$	节拍	拍控制字
D	C	B	A		
1	0	0	0	D	08H
1	1	0	0	DC	0CH
0	1	0	0	C	04H
0	1	1	0	CB	06H
0	0	1	0	B	02H
0	0	1	1	BA	03H
0	0	0	1	A	01H
1	0	0	1	AD	09H

(3)算法说明

按照单双八拍来编制驱动程序。要注意步进电动机的空载启动频率不能过高,即两个相邻旋转角的时间不能太小(尤其在启动或重载时),在程序中加一个延时程序,实验验证,相邻角最小时间应大于等于 3 毫秒(与具体电动机有关)。

(4)准备工作

预习、了解步进电机的工作原理、驱动原理和编程方法。

(5)实验电路及连接(如图 6-44 所示)

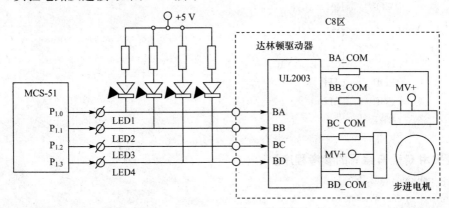

图 6-44　实验电路图

(6)参考程序及流程图(程序流程如图 6-45 所示)

BA	BIT	P$_{1.0}$
BB	BIT	P$_{1.1}$
BC	BIT	P$_{1.2}$
BD	BIT	P$_{1.3}$
ORG	8000H	
LJMP	8100H	
ORG	8100H	
START：MOV	SP,#60H	
LCALL	DELAY	
SMRUN：MOV	P1,#08H	
LCALL	DELAY	
MOV	P1,#0CH	
LCALL	DELAY	
MOV	P1,#04H	
LCALL	DELAY	
MOV	P1,#06H	
LCALL	DELAY	
MOV	P1,#02H	
LCALL	DELAY	
MOV	P1,#03H	
LCALL	DELAY	
MOV	P1,#01H	
LCALL	DELAY	
MOV	P1,#09H	
LCALL	DELAY	

图 6-45　程序流程图

```
            SJMP    SMRUN
DELAY: PUSH    00H
          PUSH    01H
          MOV     R0,#10H
DELAY1: MOV     R1,#00H
          DJNZ    R1,$
          DJNZ    R0,DELAY1
          POP     01H
          POP     00H
          RET
          END
```

【采用 C 语言编写的参考程序】

```c
#include "reg51.h"
unsigned char i,j;
sbit    BA=P1^0;
sbit    BB=P1^1;
sbit    BC=P1^2;
sbit    BD=P1^3;
void    DELAY();
main()
{       while(1)
    {
        DELAY();
        P1=0x08;
        DELAY();
        P1=0x0c;
        DELAY();
        P1=0x04;
        DELAY();
        P1=0x06;
        DELAY();
        P1=0x02;
        DELAY();
        P1=0x03;
        DELAY();
        P1=0x01;
        DELAY();
        P1=0x09;
    }
}
void    DELAY()
{   for(i=0;i<20;i++)
```

```
    for(j=0;j<255;j++);
}
```

根据实验结果回答下列问题：

①此步进电动机的最小步距角是（　　）度。

②按照程序的执行结果电动机是（　　）时针旋转。

③电动机旋转一圈需要（　　）拍（按单双拍方式）。

④上述程序的节拍相序是（　　）。

⑤如何控制电动机按顺时针旋转？其节拍相序应当是（　　）。

思考题

编制一个程序，驱动电动机逆时针旋转 100 圈后就停止运转，或逆时针旋转 50 圈后再顺时针旋转 50 圈停止（或者自行编制一个具有一定角度和方向的驱动程序）。

利用定时器控制步进电动机转速的编程实验

要求：利用拨动开关 SW5～SW8 来改变电动机的转速（参见图 6-46）。

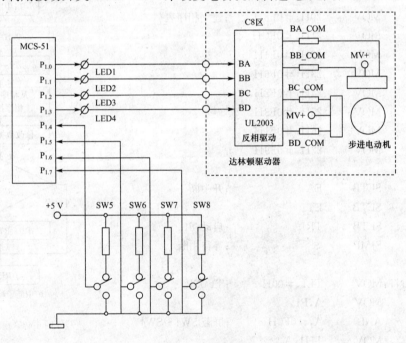

图 6-46　实验电路图

其中，定时器 T1 采用定时方式、模式 2（16 位），TL1＝00H，TH1 原始为 00H。每当 T1 定时时间到时，通过 P1 口的低四位（$P_{1.0}$～$P_{1.3}$）发出步进电机的一个相序节拍，并且从 P1 口高四位读入一个数据作为 TH1 的新的初值（低四位添 0000B）。P1 口使用 8 芯排线与 SW1～SW8 连接。

🐾注意　使用 8 芯排线将 P1 口与 SW1～SW8 连接，再使用四条单线将 $P_{1.0}$～$P_{1.3}$ 与步进电动机的 BA～BD 连接（此时应将 SW1～SW4 都置于高电平，这样不会影响低四位步进电动机相序节拍信号的输出）。

SW5～SW8 作为输入，原始 SW5～SW8＝0000B。在运行程序时慢慢地增加输入量,观察点及转速的变化,下面为程序代码,图 6-47(a)为主程序流程图,图 6-47(b)为中断子程序流程图。

```
            ORG     8000H
            LJMP    8100H
            ORG     801BH
            LJMP    T1_INT
            ORG     8100H
    START:  MOV     SP,#60H
            MOV     TMOD,#10H     ;T1 设定为模式 1
            MOV     TH1,#00H
            MOV     TL1,#00H
            MOV     R0,#20H       ;数据指针赋初值
            MOV     R7,#08H       ;计数器赋初值

            MOV     20H,#0F8H     ;建立相序表
            MOV     21H,#0FCH
            MOV     22H,#0F4H
            MOV     23H,#0F6H
            MOV     24H,#0F2H
            MOV     25H,#0F3H
            MOV     26H,#0F1H
            MOV     27H,#0F9H

            SETB    EA            ;开中断
            SETB    ET1
            SETB    TR1           ;启动 T1
            SJMP    $             ;等待中断

    T1_INT: MOV     TL1,#00H      ;T1_ISR
            MOV     A,P1
            ANL     A,#0F0H       ;屏蔽 SW1～SW4
            MOV     TH1,A
            MOV     A,@R0
            MOV     P1,A          ;注意高 4 位＝FH
            INC     R0            ;修改指针
            DJNZ    R7,DO         ;一个相序周期完成
            MOV     R0,#20H       ;指针还原
            MOV     R7,#08H       ;计数器赋初值
    DO:     RETI                  ;中断返回
            END
```

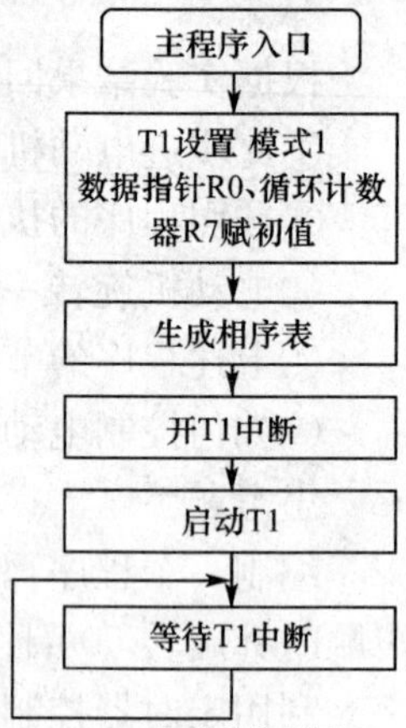

(a)主程序流程图

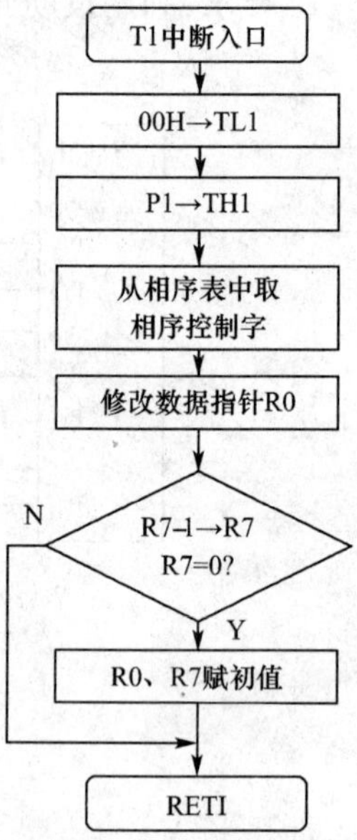

(b)中断子程序流程图

图 6-47　程序流程图

【采用 C 语言编写的参考程序】

```
#include "reg51.h"
```

```
unsigned char i=0,t[8],temp;
main()
{   P1=0xff;
    TMOD=0x10;
    TH1=0x00;
    TL1=0x00;
    t[0]=0xf8;
    t[1]=0xfc;
    t[2]=0xf4;
    t[3]=0xf6;
    t[4]=0xf2;
    t[5]=0xf3;
    t[6]=0xf1;
    t[7]=0xf9;
    EA=1;
    ET1=1;
    TR1=1;
    while(1);
}
void timer1() interrupt 3 using 0
{   TL1=0x00;
    temp=P1;
    temp=temp&0xf0;
    TH1=temp;
    P1=t[i];
    if(++i==8)
    i=0;
}
```

6.5　串行接口 SBUF 实验

　　串行通信在单片机系统中有着非常重要的地位,它不仅能够解决两台系统(设备)之间的数据交换,也是当前许多智能化外围设备与上位机之间实现网络连接的重要手段。

　　应当提醒读者注意,尽管 MCS-51 单片机具有异步通讯接口($P_{3.0}$/RXD、$P_{3.1}$/TXD),但如果实际应用于工程时,还要使用 233 或 485 的电平转换芯片将单片机引脚的 TTL 电平转换成 RS-232 或 RS-485 电平,以提高通讯的距离、减少外界干扰,提高通讯的成功率。比如通用计算机的 COM 口就是采用 RS-232 标准接口,如果单片机系统要与通用计算机通讯时就可以将 $P_{3.0}$、$P_{3.1}$ 与 232 电平转换芯片连接,这样就可以进行两者之间的数据通讯了。有关 RS-232、RS-485 标准定义以及电平转换芯片的使用方法可参见相关的资料。

MCS-51 单片机内部具有一个全双工的串行接口模块。具有同步串行 USRT、异步串行两种通讯模式。其中前一种也称为移位寄存器模式,与外接的移位寄存器配合起来可以方便地实现系统内部并行接口的扩展,如:多位 LED 数码管驱动等场合。由于实验设备的限制,本节内容仅进行异步串行通讯模式的内容介绍与实践,关于同步串行通讯可以在下一章中的"I^{2}C 总线"内容中进行详细介绍。

6.5.1　与串行接口相关的寄存器

(1)串行接口控制寄存器 SCON(地址:在 SFR 中 98H 处)

SCON 主要用于控制、监视串行口的工作状态。

SM0	SM1	SM2	REN	TB8	RB8	TI	RI

其中各位定义如下:

- SM0、SM1:串行口操作模式选择位,串行口的四种工作模式如表 6-7 所示。

表 6-7　　　　　串行口的四种工作模式

SM0	SM1	模式	功能	波特率
0	0	0	同步移位寄存器	fosc/12
0	1	1	8 位异步接收、发送	可变
1	0	2	9 位异步接收、发送	fosc/64、fosc/32
1	1	3	9 位异步接收、发送	可变

- SM2:模式 2、模式 3 中的多机通讯使能位。

在模式 2、模式 3 时:

若 SM2=0,串行接口以单机方式工作,RI 可以被激活,但不能引发中断。

若 SM2=1,当 RB8=0 时,RI 位(接收中断标志位)不会被激活。

若 RB8=1, RI 不仅激活且引发中断。

在模式 1、模式 0 中:SM2 应设定为 0。

- REN:允许接收位。由软件(指令)来置位或清零。

REN=1 时:允许接收。

REN=0 时:禁止接收。

- TB8:发送数据的第 9 位。在模式 2、模式 3 中存放发送的第 9 位数据。在通讯中,该位可以做奇偶校验位,在多机通讯中也可以作为地址或数据的特征位。

- RB8:接收的第 9 位数据。

在模式 2、模式 3 中存放接收到的第 9 位数据,可用作接收奇偶校验位和地址、数据特征位,在多机方式(SM2=1)中,RB8 的状态直接影响 RI 的激活;模式 1 时,是接收到的停止位(RB8=0);模式 0 时,RB8 未用。

- TI: 发送完成的中断标志。

在模式 0 时,发送完第 8 位数据时,由硬件自动置位。在其他模式中,发送到停止位时,由硬件置位。

TI 的作用:在完成发送一帧数据时,用 TI=1 作为标志向 CPU 申请中断。在开中断的情况下,CPU 自动响应中断,发送下一帧数据。

要注意的是：在 CPU 响应中断并进入中断服务子程序时，要用软件（指令）将 TI 清零。

• RI：接收完成的中断标志。

在模式 0 时，接收到第 8 位数据时，由硬件自动置位。在其他模式时，在接收到停止位时由硬件置位。

RI 的作用：在串行接口的缓冲器 SBUF 接收到一个完整的数据帧时，使 RI＝1 作为标志，向 CPU 发中断申请，在开中断的情况下，CPU 进入中断服务程序，将串行口的 SBUF 中的数据取走。同 TI 一样，在进入中断服务程序时，要将 RI 清零。

（2）串行接口的发送、接收缓冲器 SBUF（地址：在 SFR 中 99H 处）

因为 MCS-51 单片机的串行端口是全双工的，因此，SBUF 实际上是两个独立的缓冲器：接收缓冲 SBUF 和发送缓冲 SBUF，尽管在设计上都是用相同的地址，图 6-48 所示为 SBUF 寄存器结构示意图。在编程时：

• 由 MOV SBUF，A 指令实现将累加器 A 中的内容装载到"发送"的 SBUF。注意，这实际上就引发了一次串行通信的开始。

• 使用 MOV A，SBUF 指令是从"接收"的 SBUF 中读取数据到 A。当然，只有在 RI＝1 时，读取 SBUF 中的数据才有意义。

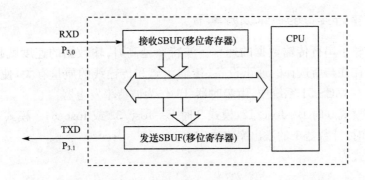

图 6-48　SBUF 寄存器结构示意图

6.5.2　利用 RI、TI 标志完成数据的接收、发送

图 6-49 为采用查询方式进行数据发送或接收的流程图：

CPU 与 SBUF 之间各自独立工作。串行通信由 SBUF 完成，CPU 不参与具体过程。数据的发送或接收是否完成，CPU 只能通过标志进行判断。

（1）RI（SCON.0）：接收完成标志。

①当 SBUF 从 RXD 接收完一个完整的数据帧时 RI＝1。如果串行接口中断是开放的，则 RI＝1 时会自动引发中断。通过中断服务程序将 SBUF 中的数据取出送累加器：MOV A，SBUF（中断方式）。

②使用查询的方式对 RI 进行检测：如果 RI＝1 则执行 MOV A，SBUF，否则等待（查询方式）。

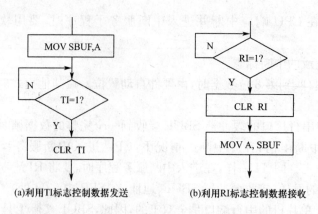

(a)利用TI标志控制数据发送　　　(b)利用RI标志控制数据接收

图 6-49　采用查询方式进行数据发送或接收流程图

（2）TI(SCON. 1)：发送完成标志。

①当 SBUF 发送完一个完整的数据帧时 TI＝1。如果串行接口中断是开放的，则会自动引发中断。用户可以通过中断服务程序向 SBUF 送下一个要发送的数据：MOV SBUF,A(中断方式)。

②使用查询的方式对 TI 进行检测：如果 TI＝1 则执行 MOV SBUF,A,否则等待（查询方式）。

6.5.3　串行接口的通讯波特率 B

波特率反映了串行传输数据的速率。波特率越高,传输数据的速度就越快。当然,波特率的选择往往与所选择的通讯设备、传输距离和传输线的质量有关,使用中要正确地加以选择。在 MCS-51 系统中,由定时器 T1 作为波特率发生器。

串行口在模式 0 时 B＝fosc/12,模式 2 时 B＝fosc/32 或 fosc/64。模式 1、模式 3 时的波特率由定时/计数器 1 的溢出率来决定。

相应的公式为

$$波特率＝\frac{2^{SMOD}}{32}*定时器1的溢出率 \tag{6.5}$$

$$定时器1的溢出率＝\frac{fosc}{12}\left(\frac{1}{2^{K}-初值}\right)$$

这样,模式 1、模式 3 的波特率公式为:

$$波特率＝\frac{2^{SMOD}}{32}*\frac{fosc}{12}\left(\frac{1}{2^{K}-初值}\right) \tag{6.6}$$

式中K 为定时器 T1 的位数,若 T1 为方式 0,则 K＝13;若 T1 为方式 1,则 K＝16;若 T1 为方式 2 或 3,则 K＝8。

串行接口选用定时器 T1 来作为波特率发生器并采用模式 2,此方式具有初值硬件自动重装功能,不仅操作简单,而且可避免每次重装带来的定时误差。

同理,可以根据波特率来计算 T1 的初值:

$$TH1＝256-\left[\,fosc/(384*B)\right]　（SMOD＝0 时） \tag{6.7}$$

$$TH1＝256-\left[\,fosc/(192*B)\right]　（SMOD＝1 时） \tag{6.8}$$

表 6-8 为定时器 T1 产生的常用波特率

波特率	fosc (MHz)	SMOD	定时器 T1		
			C/T	模式	重装初值
模式 0；1 MHz	12	×	×	×	×
模式 2；375 kHz	12	1	×	×	×
模式 1、3；62.5 kHz	12	1	0	2	FFH
19.2 kHz	11.0952	1	0	2	FDH
9.6 kHz	11.0952	0	0	2	FDH
4.8 kHz	11.0952	0	0	2	FAH
2.4 kHz	11.0952	0	0	2	F4H
1.2 kHz	11.0952	0	0	2	E8H
137.5 kHz	11.0952	0	0	2	1DH
110 kHz	6M	0	0	2	72H

表 6-8　　　　定时器 T1 产生的常用波特率

【举例】　设 fosc 为 11.0592 MHz，波特率为 1200 Hz，求 TH1。

解　设：SMOD＝0。

用公式(6.7)

$$TH1＝256－[11.059\ MHz\ /(384 * 1200)]＝232＝0E8H \tag{6.9}$$

6.5.4　MCS-51 串行接口的实验

(1)实验目的

串行通信是单片机应用领域中的重要组成部分。学习掌握串行通信显得尤其重要。本次实验要求掌握单片机串行口(查询、中断)的编程方法，掌握相关的 T1 初始化、波特率的设定等基本操作。

(2)实验要求

掌握 MCS-51 单片机串行通讯的原理、工作方式和波特率的设定及编程方法。

(3)算法说明

利用标志 TF、RF 实现发送与接收的查询编程。

(4)准备工作

预习单片机串行接口的结构和编程原理。

(5)实验电路及连线

• 使用两台 DP-51PROC 实验台，分别承担"发送"和"接收"任务。使用专用的串行通讯电缆将两台设备进行连接(详见图 6-50)。

注意　发送方的 TXD 接到接收端的 RXD，而接收端的 TXD 连接到发送端的 RXD，双方的 GND 线相连。

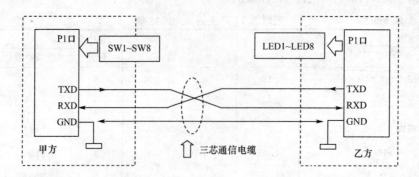

图 6-50　两个实验台(甲、乙)构成的实验连接图

• 发送方(甲方):将拨动开关 SW1～SW8 按顺序与 $P_{1.0}$～$P_{1.7}$ 连接,用来从 P1 口输入 8 位二进制数,然后单片机将此数发送出去。

• 接收方(乙方):将 LED 发光二极管 LED1～LED8 按顺序与 P1 口连接,显示从串行口接收的数据。

由于在线调试占用了系统的 RXD、TXD($P_{3.0}$、$P_{3.1}$)引脚资源,所以此程序必须采用脱机运行 Flash 模式运行。有关脱机运行 Flash 请参见第 4 章内容。由于采用脱机的运行方式,所以为了保证程序顺利地调试和运行,在下载程序前应仔细地检查、核实程序的逻辑功能是否正确。

在脱机运行方式中,程序的起始地址应当恢复为 0000H(如果使用中断矢量也要作相应的修改)。脱机运行 Flash 模式具体步骤如下(参见第 4 章内容):

①Target 选项卡的设定:Code memory＝0000H、size＝4000H,Xdata memory 的起始地址 8000H,size＝4000H(其余选项同在线调试模式)。

②输入程序并进行编译(方式与在线调试模式类同),注意此操作应当产生对应的 HEX 文件。

③按照脱机运行 Flash 模式将 HEX 文件下载到仿真器中。

④此时再连接实验台的通讯线($P_{3.0}$、$P_{3.1}$)。

📌注意　在 HEX 文件下载到仿真器之前不能连接通讯线,否则 HEX 文件无法下载到仿真器。

⑤将仿真器的开关置于"RUN"状态并复位一次。此时系统就开始全速运行仿真器中的用户程序。

观察接收方的 8 位发光二极管的状态与发送方的拨动开关位置是否一致(拨动开关向上时输出为"1"电平,反之为"0"电平),注意接收方是将收到的数据取反再输出,以保证 LED 的显示按照"正逻辑"的方式工作;不断改变发送方拨动开关的输入状态,观察接收方的接收是否正常。

(6)参考程序及流程图(如图 6-51、图 6-52 所示)

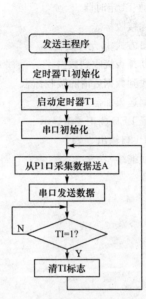

图 6-51　发送方程序流程图

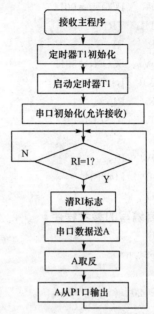

图 6-52　接收方程序流程图

①发送方程序:TXD. ASM

```
        ORG     0000H
        LJMP    0100H
        ORG     0100H
START:  MOV     TMOD,♯20H       ;设定定时器 T1 为模式 2
        MOV     TL1,♯0E8H       ;送定时器初值
        MOV     TH1,♯0E8H       ;波特率为 1200 Hz
        MOV     PCON,♯00H       ;PCON 中的 SMOD=0
        SETB    TR1             ;启动定时器 T1
        MOV     SCON,♯40H       ;设定串行接口为模式 1
LOOP2:  MOV     P1,♯0FFH
        MOV     A,P1            ;从 P1 口输入数据
        MOV     SBUF,A          ;数据送 SBUF 发送
LOOP1:  JNB     TI,LOOP1        ;判断数据是否发送完毕
        CLR     TI              ;发送完一帧后清标志
        SJMP    LOOP2           ;返回继续
        END
```

②接收方程序:RXD. ASM

```
        ORG     0000H
        LJMP    0100H
        ORG     0100H
START:  MOV     TMOD,♯20H       ;模式 2(自动重装)
        MOV     TL1,♯0E8H       ;初值,波特率为 1200 Hz
```

```
        MOV     TH1,#0E8H
        MOV     PCON,#00H            ;PCON 的 SMOD＝0
        SETB    TR1                  ;启动 T1 定时器
        CLR     RI                   ;清除接收标志
        MOV     SCON,#50H            ;串口方式 1(允许接收)
LOOP1：JNB R  I,LOOP1                ;判断是否接收到数据
        CLR     RI                   ;接收到数据后清除接收标志
        MOV     A,SBUF               ;数据送累加器 A
        CPL     A                    ;保证 LED 按正逻辑显示
        MOV     P1,A                 ;从 P1 口输出
        SJMP    LOOP1                ;返回继续
        END
```

【采用 C 语言编写的参考程序】

```c
// 发送方程序
#include "reg51.h"
main()
{   TMOD=0x20;
    TL1=0xe8;
    TH1=0xe8;
    PCON=0x00;
    TR1=1;
    SCON=0x40;
    while(1)
    {   P1=0xff;
        SBUF=P1;
        while(TI! =1);
        TI=0;
    }
}
// 接收方程序
#include "reg51.h"
main()
{   unsigned char temp;
    TMOD=0x20;
    TL1=0xe8;
    TH1=0xe8;
    PCON=0x00;
    TR1=1;
    RI=0;
    SCON=0x50;
    while(1)
    {   while(RI! =1);
```

```
        RI=0；
        temp=SBUF；
        temp=～temp；
        P1=temp；
    }
}
```

思考题

①分别将发送方、接收方的程序修改为中断结构。

为了保证程序调试的顺利进行,建议首先修改一方的程序,待正常后再修改另一方的程序。

②试将汇编语言源程序修改为 C 语言源程序。

6.6　MCS-51 与 TLC549 接口芯片编程实验

TLC549 是被广泛应用的 CMOS 8 位 A/D 转换器。该芯片有一个模拟输入端口,三态的数据串行输出接口可以方便地和微处理器或外围设备连接。TLC549 仅仅使用输入/输出时钟(I/O CLOCK)和芯片选择(/CS)信号控制数据。输入时钟(I/O CLOCK)上限为 1.1 MHz。

6.6.1　TLC549 器件特征及应用领域

(1)器件特征

• CMOS 工艺技术;

• 8 位转换结果数据;

• 与微处理器或外围设备串行接口(SPI);

• 差分基准电压输入;

• 转换时间最大为 17 μs;

• 每秒访问和转换次数达到 40000;

• 片上软件控制采样和保持功能;

• 全部非校准误差:±0.5LSB;

• 宽电压供电:3～6 V 封装及引脚;

• 低功耗:最大 15 mW;

• 5 V 供电时输入范围:0～5 V;

• 输入输出完全兼容 TTL 和 CMOS 电路;

• 全部量化误差:±1LSB;

• 工作温度范围:0℃～70℃(TLC549),

　　　　　　　　 −40℃～85℃(TLC549I)。

（2）应用领域
- 低功耗数据采集系统；
- 电池供电系统；
- 工业控制系统；
- 工厂自动化系统等。

6.6.2　TLC549 器件引脚定义与内部结构及工作时序图

DP-51PROC 实验仪使用的 TLC549 采用的是双列直插 DIP 封装芯片，芯片的封装及引脚定义参见图 6-53 和表 6-9，TLC549 内部结构图和工作时序图如图 6-54、图 6-55 所示，表 6-10 为 TLC549 工作时序中的参数。

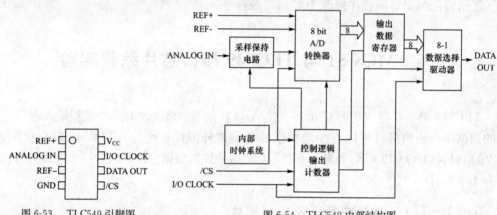

图 6-53　TLC549 引脚图　　　　图 6-54　TLC549 内部结构图

表 6-9　　　　　　　　　**TLC549 引脚定义表**

引脚	定　义	功　能
1	REF+	参考电压正输入端
2	ANALOG IN	模拟电压输入端
3	REF−	参考电压负输入端
4	GND	电源地
5	/CS	片选端(低电平有效)
6	DATA OUT	串行数据输出端
7	I/O CLOCK	串行同步时钟输入端
8	V_{CC}	电源正端

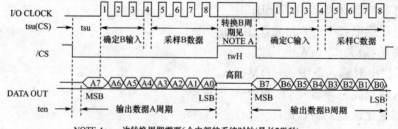

NOTE A:　一次转换周期需要6个内部的系统时钟(最长7微秒)。

图 6-55　TLC549 工作时序图

表 6-10　　　　　　　　　　　　**TLC549 工作时序参数一览表**

	TLC548			TLC549			单位
	最小值	典型值	最大值	最小值	典型值	最大值	
工作电压(V_{CC})	3	5	6	3	5	6	V
正的参考电压(VREF+)	2.5	V_{CC}	V_{CC}+0.1	2.5	V_{CC}	V_{CC}+0.1	V
负的参考电压(VREF−)	−0.1	0	2.5	−0.1	0	2.5	V
差分参考电压(VREF+、VREF−)	1	V_{CC}	V_{CC}+0.2	1	V_{CC}	V_{CC}+0.2	V
模拟输入电压	0		V_{CC}	0		V_{CC}	V
控制输入的高电平 VIH(V_{CC}=4.75 V~5.5 V)	2			2			V
控制输入的低电平 VIL(V_{CC}=4.75 V~5.5 V)			0.8			0.8	V
输入的时钟频率 f,CLOCK(I0)　V_{CC}同上	0		2.048	0		1.1	MHz
输入输出时钟高电平宽度 twH(I0)　V_{CC}同上	200			404			ns
输入输出时钟低电平宽度 twL(I0)　V_{CC}同上	200			404			ns
输入输出时钟的传递时间 tt(I0)　V_{CC}同上			100			100	μs
转换周期/CS 高电平的持续时间 twH	17			17			μs
/CS 变低到第一个 CLOCK 的建立时间 tsu	1.4			1.4			μs
工作环境温度 TLC548C、TLC549C(商业级)	0		70	0		70	℃
工作环境温度 TLC548I、TLC549I(工业级)	−40		+80	−40		+80	℃

6.6.3　MCS-51 与 TLC549 的接口实验

(1)实验目的

学习、掌握 TLC549 的工作原理及编程方法。

(2)实验要求

将 TLC549 与 MCS-51 单片机进行连接,编写出数据采集程序,将转换的模拟电压以二进制的形式通过单片机的 P1 口输出显示。

(3)算法说明

①TLC549 的 ADC 电路没有启动控制端,读走前一次数据后马上就进行新的电压转换,转换完成后就进入保持状态(HOLD)。TLC549 每次转换所需要的时间是 17 微秒,没有转换完成标志信号,只要采用延时操作即可控制每次读取数据的操作(当然每次读数据的时间应大于 17 微秒)。

②根据 TLC549 的工作时序可知:

• 串行数据中 D7 位(MSB)先送出,D0 位(LSB)处于最后输出;

• 在每一次 CLK 的高电平期间 DAT 线上的数据产生有效输出,每出现一次 CLK 在 DAT 线上就送出一位数据。整个过程共有 8 次 CLK 信号的出现并对应着 8 个 bit 的数据输出;

• tsu:片选信号/CS 变低后,CLK 开始正跳变的最小时间间隔为 1.4 微秒;

• ten :从/CS 变低到 DAT 线上输出数据的最小时间为 1.2 微秒;

• 从图 6-55 中不难看出:只要 CLK 变高就可以读取 DAT 线上的数据(MOV C,DAT);

• 读取 DAT 线上的数据采用 MOV C,DAT;RLC A 的方式实现;

• 整个芯片只有在/CS 端为低电平(选中)时才工作。

(4)准备工作

预习 TLC549 芯片的工作原理,预读实验程序。

(5)实验电路及连接(参见图 6-56)

①使用排线将单片机的 P1 口与 LED1~LED8 连接起来,作为输出显示(注意:灌电流方式驱动,所以要将数据取反后再输出显示,以获得"正逻辑"效果);

②利用 P3 口与 TLC549 的控制信号进行连接;

③TLC549 的基准电压 REF+端与 B7 区上的 VREF+端连接(注意:应当事先将 B7 区上的 W3 按照顺时针方向调到头——听到"啪、啪"声即可),此时 VREF+端输出的基准电压为 5 V;

④将电位器 W2 的上端连接 V_{CC}、下端连接 GND,抽头与 TLC549 的模拟输入 ANIN 连接。在运行程序时,不断地旋转电位器,使 W2 抽头电压连续变化,通过 LED1~LED8 的状态观察 ADC 转换的结果,电路连接参考图 6-56。

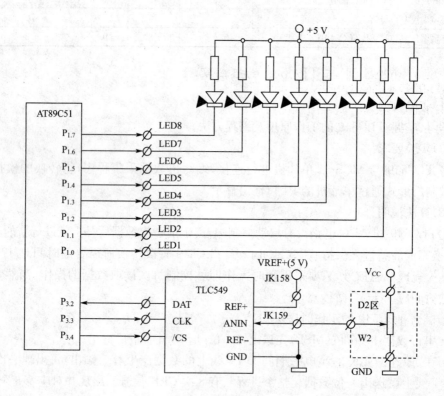

图 6-56　实验电路图

(6)参考程序及流程图(图 6-57 和图 6-58 分别为主程序流程图和 TLC549 子程序流程图)

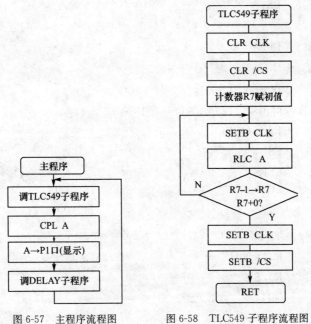

图 6-57　主程序流程图　　　图 6-58　TLC549 子程序流程图

```
;#######################################
;这是一个 ADC 转换程序
;使用串行 8 位的 TLC549 芯片
;采集出来的数据经取反后直接由 P1 口输出
;#######################################
            DAT     BIT     P3.2
            CLK     BIT     P3.3
            CS      BIT     P3.4
            ORG     8000H
            LJMP    8100H
            ORG     8100H
START：MOV          SP,#60H
LOOP：  LCALL       TLC549_ADC
            CPL     A
            MOV     P1,A
            LCALL   DELAY
            SJMP    LOOP
TLC549_ADC：
            PUSH    07H
            CLR     A
            CLR     CLK
            MOV     R7,#08H
```

```
              CLR      CS
              NOP
      LOOP1: SETB     CLK
              MOV      C,DAT
              RLC      A
              CLR      CLK
              DJNZ     R7, LOOP1
              SETB     CS
              SETB     CLK
              POP      07H
              RET
      DELAY: PUSH     00H
              MOV      R0,＃00H
              DJNZ     R0, $
              POP      00H
              RET
              END
;＃＃＃＃＃＃＃＃＃＃＃＃＃＃＃＃＃＃＃＃＃＃＃＃＃＃＃＃＃
```

【采用 C 语言编写的程序清单】

```c
＃include "reg51. h"
＃include "stdio. h"
sbit    DAT＝P3^2;
sbit    CLK＝P3^3;
sbit    CS＝P3^4;
void    DELAY();
unsigned char TLC549_ADC();
main()
{  unsigned char temp;
   while(1)
   {
     temp＝TLC549_ADC();
     temp＝～temp;
     P1＝temp;
     DELAY();
   }
}
void    DELAY()
{  unsigned char j;
```

```
        for(j=0;j<255;j++);
    }
unsigned char TLC549_ADC()
{   unsigned char i,temx;
    temx=0;
    CLK=0;
    CS=0;
    for(i=0;i<8;i++)
    {   CLK=1;
        if(DAT)
        temx++;
        if(i<7)
        temx=temx<<1;
        CLK=0;
    }
    CS=1;
    CLK=1;
    return(temx);
}
```

在 C 语言编程中，经常会遇到编写子函数的情况，如延时子程序 void DELAY()等。

①从用户使用的角度讲，函数分为两种类型：

• 标准函数，即库函数，这是由系统提供的，用户不用编写直接调用即可。应当说明的是，不同的 C 系统所提供的标准函数其数量和功能是各不相同的，使用者应仔细查阅使用的系统所包含的库函数；

• 用户的自定义函数，用来解决用户的专门需求。如前面编写的延时子函数void DELAY()。

②从函数的形式看，函数又可分为：

• 无参函数。在调用无参函数时，主函数与该子函数之间没有数据（参数）的相互传递，仅仅是完成某一特定的操作。在定义无参函数时，因为函数是无参函数，所以不用定义函数的类型。如：延时子函数。

```
void   DELAY()
{   unsigned char j;
    for(j=0;j<255;j++);
}
```

• 有参函数。在调用该函数时主函数与该子函数之间有数据（参数）的相互传递，即主函数可以将参数传递给子函数使用，同理，子函数也可将处理好的数据带回到主函数。在定义有参数子函数时要对子函数进行类型定义。例如：

```
int   max(int x,int y)
{   int z ;
    z＝x＋y;
    return(z);
}
```

在这个例子中,第一行的 int 是对子函数 max 进行定义的(定义为整型),在括号中的形参 x、y 也定义为整型数据。主函数在调用该子函数时把两个实际参数替换形参而带入到子函数中。子函数的返回值是通过 return()语句定义并带回主函数的。

在本节例子中,定义了一个带返回值的子函数 unsigned char TLC549_ADC(),这种定义方法决定了子函数的返回值(即 ADC 的转换结果数据)temx 为无符号单字节的数据。

③空函数。

它的声明形式为:类型说明符　函数名(),例如:

{ }

这类函数是一个"空"的函数,什么内容都没有,在主函数中可以通过该子函数的名字来调用它。这种什么功能都没有的函数是用来为后期程序"扩充"而准备的。在编程的初期将它们预先安排好,然后随着程序的不断扩充而加入实际内容。这种方法可以使程序结构更加清晰,功能扩充方便,对程序结构的影响又不是很大,是程序设计中常采用的一种方法。

思考题

在上述程序运行时,可以看出转换数据不稳定,这是高速 ADC 电路所固有的特点。如果不考虑转换的速度,请思考一下,如何使转换的数据稳定?

可以采用数据滤波的方法:

方法之一:采用求平均值的方法。

采集 N 次数据并将其进行累加,再将累加和被 N 来除。例如:设计一个循环程序,在每次循环中对采集的数据进行累加(累加结果为双字节的 16 位数——注意如何实现双字节数据的累加),然后将累加结果被循环次数除,如果是 256 次累加时,可以通过对 16 位数据连续右移 8 次来实现。实际上可以直接读取原来 16 位数据中的高 8 位来简化计算。

方法之二:采用排序的方法。

采集 N 次数据,对采集到的数据从小到大(或从大到小)排序。舍去两边的数据,再将中间的数据求平均值。

6.7　MCS-51 与 TLC5620 编程实验

TLC5620 是 4 路 8 位的电压输出型数模转换芯片,具有高阻抗的参考电压输入结构。该 D/A 转换器输出的电压是参考电压的 1 倍或 2 倍,工作时仅需＋5 V 供电,因此使用简单。内部具有上电复位功能,确保芯片上电后的可靠运行。

TLC5620 与控制器之间采用简约的三/四线串行总线,11 位的指令字包括了 8 位数字位、2 位 DAC 选择位和 1 位范围选择位。TLC5620 的内部采用双缓冲结构,便于控制。

6.7.1　TLC5620 的主要性能

- 为 4 路 8 位精度的电压输出 DAC;
- +5 V 单电源工作;
- 与控制器之间采用同步串行通信,节省控制器的口线资源;
- 具有高阻抗的参考电压输入,使系统设计更为容易、简洁;
- 可编程实验按参考电压的 1 倍或 2 倍输出 DAC 电压;
- 采用双缓冲结构,可同时更新多路输出电压;
- 具有上电复位功能;
- 采用低功耗设计;
- 具有 Half-Buffered 输出。

6.7.2　TLC5620 引脚与内部结构

(1)TLC5620 的引脚及定义(如表 6-11 和图 6-59 所示)

表 6-11　　　　　　　　　TLC5620 引脚功能定义及说明

引脚序号	定　义	I/O	功　能	引脚序号	定　义	I/O	功　能
1	GND	I	电源及参考电压	8	LOAD	I	串口加载控制:在 LOAD 的下降沿时,输入的数据被锁存到输入锁存器。
2	REF_A	I	第 A 路输入参考电压	9	DAC_D	O	第 D 路模拟电压输出
3	REF_B	I	第 B 路输入参考电压	10	DAC_C	O	第 C 路模拟电压输出
4	REF_C	I	第 C 路输入参考电压	11	DAC_B	O	第 B 路模拟电压输出
5	REF_D	I	第 D 路输入参考电压	12	DAC_A	O	第 A 路模拟电压输出
6	DATA	I	串行数据输入线	13	LDAC	I	加载 DAC:当 LDAC=1 时,输入的数据无输出更新,只有在此脚下降沿时输入锁存器中的数据被锁存到输出锁存器,才有数据输出更新。
7	CLK	I	同步脉冲,下降沿输入数据写入串行接口	14	V_{CC}	I	正电源输入(+5 V)

(2)TLC5620 的内部结构图(参见图 6-60)

TLC5620 为双缓冲结构,其中前级的输入寄存器由 LOAD 控制;后级的输出寄存器由 LDAC 控制。LDAC 是四个通道的总控制。这种结构特别适合两路以上的模拟输出的场合,即首先分步将各个通道的命令字分别写入(此时并无输出),然后利用总的控制 LDAC 来产生所有通道波形的同步输出。

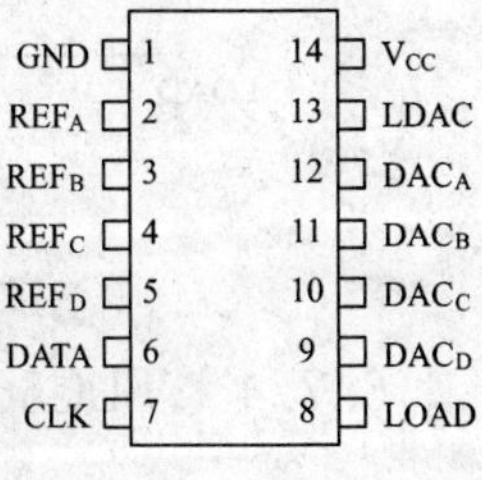

GND ▢	1	14 ▢ V_{CC}
REF_A ▢	2	13 ▢ LDAC
REF_B ▢	3	12 ▢ DAC_A
REF_C ▢	4	11 ▢ DAC_B
REF_D ▢	5	10 ▢ DAC_C
DATA ▢	6	9 ▢ DAC_D
CLK ▢	7	8 ▢ LOAD

图 6-59　TLC5620 引脚图

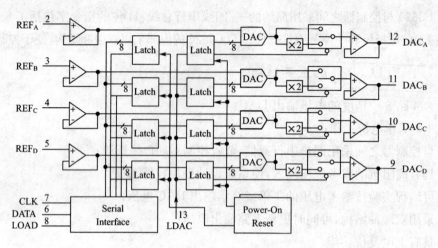

图 6-60   TLC5620 内部结构图

6.7.3   TLC5620 工作时序图（如图 6-61 所示）

在时序中：

• A1、A0：通道选择代码，A1、A0 都等于 00B 时，选择 DAC 的 A 通道。A1、A0 都等于 11B 时，选择 DAC 的 D 通道；

• RNG：最大输出电压与参考电压的倍率。RNG＝1 时，VOUT$_{MAX}$＝2 倍参考电压；RNG＝0 时，VOUT$_{MAX}$＝参考电压；

• D7～D0：数模转换的输入数据。

• CLK 为高电平期间通过 DATA 线送入串行数据位，且在 CLK 的下降沿数据被写入到 DAC 芯片。

• TLC5620 的每次通信都是一个双字节的数据传送过程。在实际编程中可以将 11 作为数据代码转换为两个字节来装载，其中高位字节中的高 5 位添 0，低 3 位分别是通道代码和转换输出倍率，低位字节为待转换的 8 位数据。

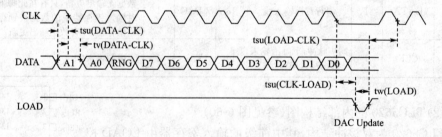

图 6-61   TLC5620 的 11 位控制字时序图

6.7.4   TLC5620 实验：双通道信号发生器

(1)实验目的

掌握 TLC5620 的控制原理，学习使用 DAC 模块作信号发生器的编程方法。

（2）实验要求

利用单片机 P1 口的四条线与 TLC5620 连接，利用通道 1 输出一个三角波、通道 2 输出一个方波，两者的周期、最大波幅均相同。

（3）算法说明

• 设定一个计数器 R3 用以控制两个通道的波幅和周期（VOLU）；

• 设立一个"上升/下降"标志（初始 00H 为上升标志），每当完成一次上升或下降后（由 R3 控制），改变一次状态；

• 将向 TLC5620 写入命令字的功能采用子程序完成。命令字为双字节：第一个字节为通道代码和倍率命令字，第二个字节为转换的数据；

• 程序中所产生的波形幅度和周期都是由寄存器 R3 中的初值决定的。可以尝试改变 R3 的初值（VOLU）来观察波形的幅度和周期的变化。

（4）准备工作

了解 TLC5620 的工作原理及编程方法。

（5）实验电路及连接（如图 6-62 所示）

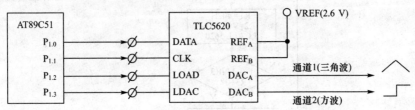

图 6-62　实验电路图

需要注意的是：

• 需要连接五条单线。其中 REFa、REFb 在板子内部已经连接好了，所以只需要一条连接线即可；

• 信号 VREF（2.6V）是从 B7 区上的 VREF 端输出。注意，应事先将该电路的多圈电位器 W3 按照逆时针方向调到头（听到"啪、啪"的声音即可），此时 VREF 端输出的电压近似为 2.5 V。

（6）参考程序及流程图（如图 6-63 所示为流程图）

```
;* * * * * * * * * * * * * * * * * * * * * * * * *
;          主程序
CLK      BIT      P1.1
DAT      BIT      P1.0
LOAD     BIT      P1.2
LDAC     BIT      P1.3
VOUTA    EQU      30H
VOUTB    EQU      31H
VOLU     EQU      0FFH        ;计数器送初值
         ORG      8000H
         LJMP     8100H
         ORG      8100H
```

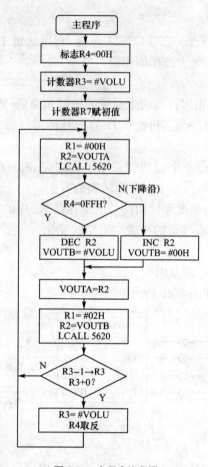

图 6-63　主程序流程图

```
START:  MOV     SP,＃60H
        NOP
        CLR     CLK
        CLR     DAT
        SETB    LOAD
        SETB    LDAC
        MOV     R3,＃VOLU        ;计数器送初值
        MOV     VOUTA,＃00H      ;1道原始数据
        MOV     VOUTB,＃00H      ;2道原始数据
        MOV     R4,＃00H         ;上升下降标志
DAC:    MOV     R1,＃00H         ;处理1通道
        MOV     R2,VOUTA        ;数据送R2
        LCALL   DAC5620         ;输出1道
        CJNE    R4,＃0FFH,CONTA  ;判断上升/下降
        DEC     R2              ;标志为下降时
        MOV     VOUTB,＃VOLU
        SJMP    CONTB
```

```
CONTA: INC      R2                      ;上升时直接转此
        MOV     VOUTB,#00H
CONTB: MOV      VOUTA,R2
        MOV     R1,#02H                 ;修改通道代码
        MOV     R2,VOUTB                ;取 2 通道数据
        LCALL   DAC5620                 ;输出 2 通道波形
        DJNZ    R3,DAC                  ;判断循环是否完成
        MOV     R3,#VOLU                ;计数器重赋
        MOV     A,R4                    ;改变一次标志
        CPL     A
        MOV     R4,A
        SJMP    DAC
```

```
;* * * * * * * * * * * * * * * * * * * * * * * * * * * * *
;转换子程序
;入口参数:R1 为通道选择和倍率,R2 为待转换数据
;局部变量:ACC

;* * * * * * * * * * * * * * * * * * * * * * * * * * * * *
DAC5620:MOV     A,R1
        CLR     CLK
        MOV     R7,#08H                 ;循环计数器
        LCALL   SENDBYTE                ;发送通道、增量 R1
        MOV     A,R2
        CLR     CLK
        MOV     R7,#08H
        LCALL   SENDBYTE                ;发送待转换的数据 R2
        CLR     LOAD                    ;数据锁存到寄存器
        SETB    LOAD                    ;不再接收新的数据
        CLR     LDAC                    ;输出更新
        SETB    LDAC                    ;输出不变
        RET
```

```
;* * * * * * * * * * * * * * * * * * * * * * * * * * * * *
;发送一个字节子程序
;入口参数 R7 为循环计数器(08H),A 为要传送的数据

;* * * * * * * * * * * * * * * * * * * * * * * * * * * * *
SENDBYTE:SETB   CLK                     ;将 CLK 置 1
        RLC     A                       ;将 A 中的 D7 位送 CY
        MOV     DAT,C                   ;传送到串口数据线上
        CLR     CLK                     ;拉下 CLK 数据进入 TLC620
        DJNZ    R7,SENDBYTE             ;判断 8 位是否完成
        RET
        END
```

```
;* * * * * * * * * * * * * * * * * * * * * * * * * * * * *
```

【采用 C 语言编程的参考程序】　请注意语句的注释,清楚各个参数的作用和定义。

```c
#include "reg51.h"
unsigned char a,b,c,d,temp,i,vouta=0x00,voutb=0x00;
sbit clk=P1^1;
sbit dat=P1^0;
sbit load=P1^2;
sbit ldac=P1^3;
void send()                          /* 写入 1 个字节数据的子函数 */
{
   for(i=0;i<8;i++)
   {  clk=1;
      temp=temp<<1;
      dat=CY;
      clk=0;
   }
}


void show()                          /* 写入 2 字节控制命令的子函数 */
{
   temp=a;
   clk=0;
   send();
   temp=b;
   clk=0;
   send();
   load=0;
   ldac=1;
   ldac=0;
   load=1;
}
void main()
{
   clk=0;
   dat=0;
   load=1;
   ldac=1;
   c=0xff;
   vouta=0;
   voutb=0;
   d=0;
   while(1)                          /* 实现 DAC 转换的无限循环结构 */
   {
```

```
    if(c! =0)                       /* c 为计数器,初值 255 */
    {
        a=0x01;                     /* a:通道代码(A 通道)和转换倍率设定 */
        b=vouta;                    /* b:待转换的数据字节(锯齿波) */
        show();                     /* 调用数据交换子函数(2 字节写入) */
        if(d==0xff)                 /* d:控制锯齿波的上升、下降标志(0:上升) */
            {b--; voutb=0xff;}      /* 如果 d=0xff;outa 产生下降沿,outb 输出高电平 */
            else { b++; voutb=0;}   /* 否则 outa 产生上升沿;outb 输出低电平 */
        vouta=b;
        a=0x03;                     /* a:通道代码(B 通道)和转换倍率设定 */
        b=voutb;                    /* b:待转换的数据字节(方形波) */
        show();                     /* 调用数据交换子函数(2 字节写入) */
        c--;                        /* c:循环计数器减 1 */
    }
    else{c=0xff;d=~d;}              /* 如果计数器为零则重新装载初值,上升标志取反 */
    }
}
```

思考题

设计一个方波发生器,其中周期固定,而波形的幅度可由电位器来调节其大小。

利用 ADC 电路将电位器抽头电压转换成 8 位的数字量,再将其数字量送给 DAC 电路作为幅度控制信号(采用汇编或 C 语言均可)。

参考电路图如图 6-64 所示:

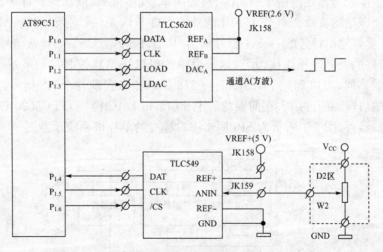

图 6-64　思考题参考实验电路图

第7章

单片机模拟编程

 知识导入

尽管 MCS-51 单片机继承了 8086/8088 微型计算机系统的三总线结构,可以利用单片机的 P0、P2 和 P3 中的/WR、/RD 线实现系统设计和存储器等外围模块的扩展。但随着 51 系列单片机的不断发展和完善,内部大容量 RAM、ROM 及 DAC、WDT 等模块的不断充实,使单片机的系统组成变得简单、方便,同步串行已经成为系统内部扩展的主流接口方式。

新型同步串行接口的外围器件具有结构简单、可靠性高、种类齐全、低功耗设计等特点,非常适合嵌入式系统的硬件设计。新型接口标准的引入已经成为新型单片机的一个重要标志。

7.1 单片机的同步串行接口及标准

7.1.1 SPI 接口标准

一种同步串行传输规范由于引脚少、封装简单、成本低廉、低功耗设计等优点在市场上得到迅速而广泛的普及。每一个 SPI 的外围器件有四条(或三条)引线:MISO——主器件输入/从器件输出;MOSI——主器件输出/从器件输入;/CS——片选信号(低电平有效)。所有器件的同名端相连接,片选信号由单片机口线单独控制。如果系统中 SPI 外围器件使用较多时,可以利用 74LS138——3/8 译码器来管理各个 CS 信号,减少 CS 信号对单片机端口资源的占用。在前面章节中 TLC549 DAC 模块、TLC5620 DAC 模块均属于 SPI 接口器件,图 7-1 所示为 SPI 同步串口标准的单片机系统示意图。

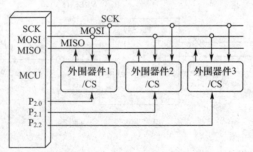

图 7-1 SPI 同步串口标准的单片机系统示意图

7.1.2　I²C 接口标准

I²C 接口标准是由 Philips 公司制定的电路板级的总线标准,简约的二线制结构。若全部采用 I²C 接口标准的外围器件,整个系统只需两条信号线:双向的数据线 SDA 和主控器发送的同步时钟线 SCK。系统支持多主机结构。

I²C 总线接口的工作原理及通信协议也是本章的重点,通过 I²C 总线构成的单片机系统具有结构简单、可靠性高等诸多优点。I²C 总线已经被国际上定义为工业的一种标准,图 7-2 所示为采用 I²C 总线标准的单片机系统示意图。

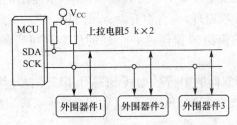

图 7-2　采用 I²C 总线标准的单片机系统示意图

7.1.3　单总线接口标准

单总线接口标准是一种接口标准。对应器件是一限制智能数字式温度传感器 DS18B20。器件采用三端式结构封装(如图 7-3 所示)。在通讯线 DQ 上可以同时挂接若干个 DS18B20。

在本教程的第十章将对 DS18B20 的编程实验进行描述。

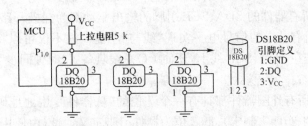

图 7-3　DS18B20 器件与单片机连接的单总线系统示意图

7.1.4　CAN 总线接口标准

CAN(Controller Area Network)现场总线是国际上应用最广泛的现场总线之一,与一般通信总线相比,CAN 总线的数据通信具有突出的可靠性、实时性和灵活性。

在汽车领域上 CAN 总线应用最广泛。在自动控制、航空航天、航海、过程工业、机械工业、纺织机械、农用机械、机器人、数控机床、医疗器械及传感器等领域有着快速的发展。CAN 已经形成国际标准,并已被公认为几种最有前途的现场总线之一。

7.2 I²C 总线的主要特点及结构

7.2.1 I²C 总线的主要特点

I²C 总线(Inter Integrated Circuit)是于上个世纪 80 年代开发的一种电路板级的总线结构。与其他串行接口相比,无论从硬件结构、组网方式、软件编程上都有很大的不同。尽管在 AT89C51 系统上没有 I²C 总线接口标准,但使用汇编语言(或 C 语言)模拟 I²C 总线的各种信号及编程原理,为自主开发、设计具有 I²C 总线接口系统打下一个良好的基础,也为其他串口的模拟编程创造一个好的思路和可行的方法。I²C 总线的特点如下:

(1)二线制结构。即双向的串行数据线 SDA 和串行同步时钟线 SCL。总线上的所有器件其同名端都分别挂在 SDA、SCL 线上(如图 7-4 所示);

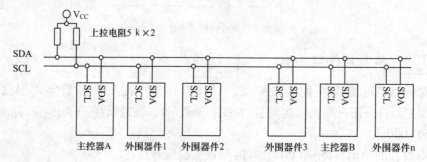

图 7-4　具有多主机的 I²C 总线的系统结构

(2)I²C 总线所有器件的 SDA、SCL 引脚的输出驱动都为漏极开路结构,通过外接上拉电阻将总线上所有节点的信号电平实现"线与"功能。这不仅可以将多个节点器件按同名端引脚直接挂在 SDA、SCL 线上,还使 I²C 总线具备了"时钟同步"、确保不同工作速度的器件协调工作;

(3)系统中的所有外围器件都具有一个 7 位的"从器件专用地址码",其中高 4 位为器件类型地址(由生产厂家制定)、低 3 位为器件引脚定义地址(由使用者定义)。主控器件通过地址码建立多机通信的机制。因此 I²C 总线省去了外围器件的片选信号线,这样,无论总线上挂接多少器件,其系统仍然为简约的二线结构;

(4)I²C 总线上的所有器件都具有"自动应答"功能,保证了数据交换的正确性;

(5)I²C 总线系统具有"时钟同步"功能。利用 SCL 线的"线与"逻辑协调不同器件之间的速度;

(6)在 I²C 总线系统中可以实现多主机(主控器)结构。依靠"总线仲裁"机制确保系统中任何一个主控器都可以掌握总线的控制权。任何主控器之间没有优先级、没有中心主机的特权,当多主机竞争总线时,依靠主控器对其 SDA 信号的"线与"逻辑自动实现"总线仲裁";

(7)I²C 总线系统中的主控器必须是带 CPU 的逻辑模块;而被控器可以是无 CPU 的

普通外围器件,也可以是具有 CPU 的逻辑模块。主控器与被控器的区别在于 SCL 的发送权,即对总线的控制权;

(8)I²C 总线不仅被广泛应用于电路板级的"内部通信"场合,我们还可以通过 I²C 总线驱动器进行不同系统间的通信;

(9)I²C 总线的工作速度分为 3 个版本:S(标准模式),速率为 100 kb/s,主要用于简单的检测与控制场合;F(快速模式),速率为 400 kb/s;Hs(高速模式),速率为3.4 Mb/s。

7.2.2　I²C 总线接口的内部结构

每一个 I²C 总线器件内部的 SDA、SCL 引脚电路结构都是一样的,引脚的输出驱动与输入缓冲连在一起。其中,输出驱动为漏极开路的场效应管、输入缓冲为一个高输入阻抗的同相器。这种电路具有两个特点:

(1)由于 SDA、SCL 为漏极开路结构,借助于外部的上拉电阻实现了信号的"线与"逻辑;

(2)引脚在输出信号的同时还对对引脚上的电平进行检测,检测是否与刚才输出一致。为"时钟同步"和"总线仲裁"提供判断依据。

7.3　I²C 总线的工作过程与原理

总线上的所有通信都是由主控器引发的。在一次通信中,主控器与被控器总是在扮演着两种不同的角色,图 7-5 所示为 I²C 总线中主控器接口的内部结构。

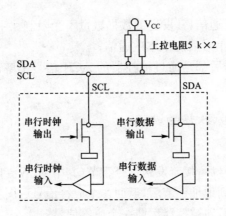

图 7-5　I²C 总线中主控器接口的内部结构

7.3.1　主控器向被控器发送数据

操作过程如下:

(1)主控器在检测到总线为空闲状态(即 SDA、SCL 线均为高电平)时,发送一个启动信号 S,开始一次通信;

（2）主控器接着发送一个命令字节。该字节由 7 位的外围器件地址和 1 位读写控制位 R/W 组成（R/W＝0 为写操作、R/W＝1 为读操作）；

（3）相对应的被控器收到命令字节后向主控器回馈一个"应答信号 ACK"（ACK＝0）；

（4）主控器收到被控器的应答信号后便开始发送第一个字节的数据；

（5）被控器收到数据后返回一个应答信号 ACK；

（6）主控器收到应答信号后再发送下一个数据字节，如此循环；

（7）当主控器发送最后一个数据字节并收到被控器的 ACK 后，通过向被控器发送一个停止信号 P 结束本次通信并释放总线。被控器接收到 P 信号后也退出与主控器之间的通信（如图 7-6 所示）。

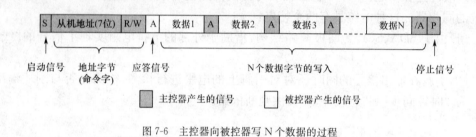

图 7-6　主控器向被控器写 N 个数据的过程

需要说明的是：

①主控器通过发送地址码与对应的被控器建立通信关系，而挂接在总线上的其他被控器虽然同时也收到了地址码，但因为与其自身的地址不相符合，因而退出与主控器的通信；

②主控器的一次发送通信，其发送的数据数量不受限制。主控器是通过 P 信号通知发送结束，被控器收到 P 信号后退出本次通信；

③主机的每一次发送后都是通过被控器的 ACK 信号了解被控器的接收状况，若无应答则重发。

7.3.2　主控器接收数据的过程

过程简述如下：

（1）主机发送启动信号后，接着发送命令字节（其中 R/W＝1 为读操作）；

（2）对应的被控器收到地址字节后，返回一个应答信号后向主控器发送数据；

（3）主控器收到数据后向被控器反馈一个应答信号；

（4）被控器收到应答信号后再向主控器发送下一个数据，如此循环；

（5）当主机完成接收数据后，向被控器发送一个"非应答信号（/ACK＝1）"，被控器收到/ACK 非应答信号后便停止发送；

（6）主机发送非应答信号后，再发送一个停止信号，释放总线结束通信。

主控器所接收数据的数量是由主控器自身决定，当发送"非应答信号/A"时被控器便结束传送并释放总线（如图 7-7 所示）。

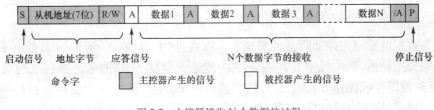

图 7-7　主控器接收 N 个数据的过程

7.4　I²C 总线的信号时序

以主控器向被控器发送一个字节的数据(写操作 R/W＝0)为例。整个过程由主控器发送起始信号 S 开始,紧跟着发送一个字节的命令字(7 位地址和一个方向位 R/W＝0),得到被控器的应答信号(ACK＝0)后就开始按位发送一个字节的数据。得到应答后发送 P 信号,一个字节的数据传送完毕。其数据传送的时序如图 7-8 所示。

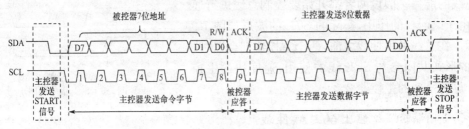

图 7-8　主控器发送一个字节数据的时序图

在数据传送中数据高位(D7)在先,SDA 线上的数据在时钟脉冲 SCL 为低电平时允许变化(如图 7-8 所示),在数据稳定后时钟脉冲为高电平期间传送数据有效。

主控器接收数据(R/W＝1)的时序类似于发送时序,主要区别有两点:①主机接收到数据后要向被控器发送应答信号(ACK＝0);②当主机接收完最后一个数据时向被控器返回一个"非应答信号/ACK＝1"以通知被控器结束发送操作,最后主控器发送一位停止信号 P 并释放总线(参见图 7-7)。这里具体的时序可以在后面的"接收子程序"中进行描述。

7.5　I²C 总线的时钟同步与总线仲裁

I²C 总线的 SCL 同步时钟脉冲一般都是由主控器发出(作为串行数据的移位脉冲)。被控器实际上是在主控器发出的同步脉冲 SCL 作用下实现与主控器之间的数据交换。由于通信双方可能存在速度的差异,因此主从器件的通信速度必须得到协调。

同理,如果在一个 I²C 总线系统中存在两个主控器,则通过 SCL 信号电平的"线与"功能实现"时钟同步"并利用 SDA 信号电平的"线与"功能实现"总线仲裁",以协调两个主控器(CPU)之间对总线的控制权问题。

7.5.1 主从器件的速度协调的实现

如果被控器希望主控器降低传送速度可以通过"主动"拉低、延长 SCL 低电平时间的方法来通知主控器,当主控器在准备下一次传送前发现 SCL 的电平被拉低时就进行等待,直至被控器完成操作并释放 SCL 线。这样一来,主控器实际上受到被控器的时钟同步控制。可见,SCL 线上的低电平的时间是由 SCL 节点上时钟低电平时间最长的器件决定;高电平的时间由高电平时间最短的器件决定。这就是时钟同步,它解决了 I²C 总线中主控器件与被控器件的速度同步、协调问题。

7.5.2 多主机之间的 SCL 信号的同步

如果在同一个 I²C 总线系统中存在两个主控器,其时钟信号分别为 SCK1、SCK2,它们都具有控制总线的能力。假设两者都开始要控制总线进行通信,由于"线与"的作用,实际的 SCL 的波形如图 7-9 所示。在总线做出仲裁之前,两个主控器都会以"线与"的形式共同参与 SCL 线的使用,速度快的主控器 1 等待落后的主控器 2。

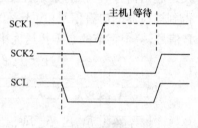

图 7-9 SCL 信号的同步

7.5.3 I²C 总线上的总线仲裁

对于 SDA 线上的信号的使用,两个主控器同样也是按照"线与"的逻辑来影响 SDA 上的电平变化。假设主控器 1 要发送的数据 DATA1 为"1011 ……";主控器 2 要发送的数据 DATA2 为"1001 ……"。总线被启动后两个主控器在每发送一个数据位时都要对自己的输出电平进行检测,只要检测的电平与自己发出的电平一致,它们就会继续占用总线。在这种情况下总线还是得不到仲裁。当主控器 1 发送第 3 位数据"1"时(主控器 2 发送"0"),由于"线与"的结果 SDA 上的电平为"0",这样,当主控器 1 检测自己的输出电平时,就会测到一个与自身输出不相符的"0"电平。这时主控器 1 只好放弃对总线的控制权,因此,主控器 2 就成为总线的唯一主宰者。仲裁过程如图 7-10 所示。不难看出:

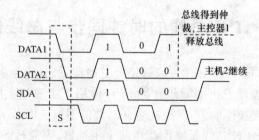

图 7-10 I²C 总线上的总线仲裁时序图

(1)对于整个仲裁过程主控器 1 和主控器 2 都不会丢失数据;
(2)各个主控器没有对总线实施控制的优先级别;

（3）总线控制随机而定、遵循"低电平优先"的原则,谁先发送低电平谁就掌握对总线的控制权。

根据上面的描述,"时钟同步"与"总线仲裁"可以总结如下规律:

（1）主控器通过检测 SCL 上自身发送的电平来判断、调节与其他器件的速度同步——时钟同步;

（2）主控器通过检测 SDA 上自身发送的电平来判断是否发生总线"冲突"——总线仲裁。

因此,I^2C 总线的"时钟同步"与"总线仲裁"是靠器件自身接口的特殊结构来实现的。

7.6 I^2C 总线的工作时序与 AT89C51 单片机的模拟编程

对于具有 I^2C 总线接口的高档单片机而言,整个通信的控制过程和时序都是由单片机内部的 I^2C 总线控制器的硬件电路来实现的。编程者只要将数据送到相应的缓冲器、设定好对应的控制寄存器即可实现通信的过程。对于不具备这种硬件条件的 AT89C51 单片机来说只能借助软件模拟的方法实现通信的目的。软件模拟的关键是要准确把握 I^2C 总线的时序及各部分定时的要求。

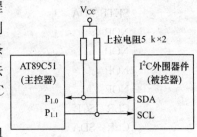

图 7-11 单片机与 I^2C 器件的连接

单片机与 I^2C 器件的连接及引脚定义（如图 7-11 所示）,使用伪指令定义对 I/O 端口进行定义（设单片机的系统时钟 fosc 为 12 M,即单周期指令的运行时间为 1 μs）。

```
SDA  BIT  P1.0
SCL  BIT  P1.1
```

7.6.1 发送启动信号 S

信号描述:在同步时钟线 SCL 为高电平时,数据线出现的由高到低的下降沿。

启动信号子程序 STA:

```
STA:SETB  SDA
    SETB  SCL
    NOP
    NOP
    NOP
    NOP                 ;完成 4.7 μs 定时
    CLR   SDA           ;产生启动信号
    NOP
    NOP                 ;完成 tHD;STA 定时
    NOP
    NOP
    CLR   SCL
    RET
```

🌸 **注意** $t_{HD:STA}$ 为起始信号保持时间,最小值为 4 μs。在这个信号过后才可以产生第一个同步信号,启动信号时序图如图 7-12 所示。

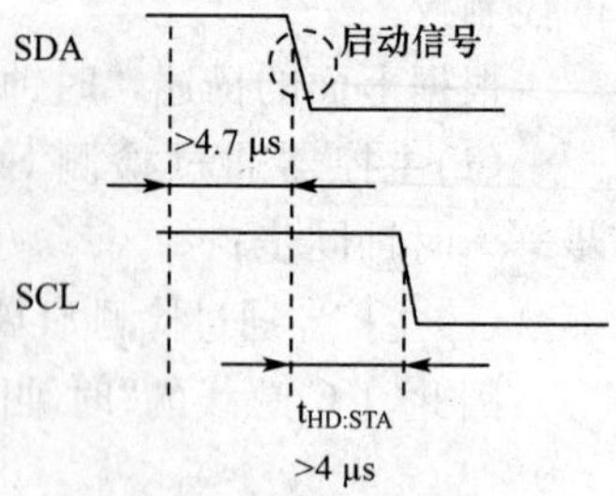

7.6.2 发送停止信号 P

信号描述:在 SCL 为高电平期间 SDA 发生正跳变。

停止信号子程序 STOP:

```
STOP:CLR   SDA
     SETB  SCL
     NOP
     NOP
     NOP
     NOP              ;t_SU:SOP 定时
     SETB  SDA
     NOP
     NOP
     NOP
     NOP              ;t_BUF 定时
     CLR   SCL
     CLR   SDA
     RET
```

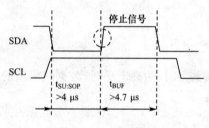

图 7-12 启动信号的时序图

🌸 **注意** $t_{SU:SOP}$ 停止信号建立时间应大于 4 μs。t_{BUF} P 信号和 S 信号之间的空闲时间应大于 4.7 μs,停止信号时序图如图 7-13 所示。

图 7-13 停止信号时序图

7.6.3 发送应答信号 ACK

信号描述:在 SDA 为低电平期间,SCL 发送一个正脉冲。

应答信号子程序 MACK:

```
MACK:CLR    SDA
     SETB   SCL
     NOP
     NOP
     NOP
     NOP              ;产生 t_HIGH 定时
```

```
        CLR    SCL
        SETB   SDA
        RET
```

注意　t_{HIGH} 同步时钟 SCL 高电平最小时间,应大于 4 μs,图 7-14 所示为应答信号 MACK 时序图。

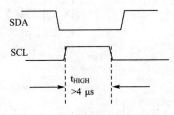

图 7-14　应答信号 MACK 时序图

7.6.4　发送非应答信号 NACK

信号描述:在 SDA 为高电平期间,SCL 发送一个正脉冲(如图 7-15 所示)。

发送非应答信号子程序 NACK:

```
 NACK:SETB   SDA
      SETB   SCL
      NOP
      NOP
      NOP
      NOP
      CLR    SCL
      CLR    SDA
      RET
```

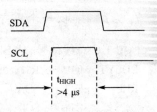

图 7-15　非应答信号 NACK 时序图

7.6.5　应答位检测子程序 CACK

与上面发送 ACK 和 NACK 信号不同,这是主控器对接收被控器反馈的应答信号进行的检测处理。在正常情况下被控器返回的应答信号 ACK=0。如果 ACK=1 则表明通信失败。在这个子程序中使用了一个位标志 F0 作为出口参数,当反馈给主控器的应答信号 ACK 正确时 F0=0;反之 F0=1。

```
 CACK:SETB   SDA        ;I/O 端口"写 1"为输入做准备
      SETB   SCL
      CLR    F0
      MOV    C,SDA      ;对数据线 SDA 采样
      JNC    CEND       ;应答正确时转 CEND
      SETB   F0         ;应答错误时标志 F0 置 1
 CEND:CLR    SCL
      RET
```

7.6.6 发送一个字节子程序 WRBYT

模拟 I²C 总线的时钟信号 SCL,通过数据线 SDA 进行一个字节的数据发送。入口参数为累加器 A,A 中存有待发送的 8 位数据。按照 I²C 的规范,先从最高位开始发送。

```
WRBYT: MOV    R6,♯08H        ;计数器 R6 赋初值 08H
WLP:   RLC    A              ;将 A 中的数据高位左移进入 CY 中
       MOV    SDA,C          ;将数据位送入 SDA 线上
       SETB   SCL            ;产生 SCL 时钟信号
       NOP
       NOP
       NOP
       NOP                   ;产生 tHIGH 定时(大于 4 μs)
       CLR    SCL            ;时钟信号变低
       DJNZ   R6,WLP         ;判断 8 次位传送是否结束
       RET
```

7.6.7 接收一个字节数据的子程序 RDBYT

模拟 I²C 总线信号,从 SDA 线上读入一个字节的数据,并存于 R2 或 A 中。

```
RDBYT: MOV    R6,♯08H
RLP:   SETB   SDA
       SETB   SCL
       MOV    C,SDA          ;采样 SDA 上的数据传到 CY
       MOV    A,R2           ;R2 为接收数据的缓冲寄存器
       RLC    A              ;将 CY 中的数据移入 A 中
       MOV    R2,A           ;数据送回缓冲寄存器
       CLR    SCL            ;时钟信号 SCL 拉低
       DJNZ   R6,RLP         ;8 位接收是否完成,未完成转 RLP
       RET
```

(1)将 I²C 总线的各种信号细划分为对应的子程序。当选择具有 I²C 总线接口的外围器件进行编程时,就可根据具体的器件的特性和要求,合理地组合、调用这些子程序完成相应的功能;

(2)为了简化问题,上述的子程序对局部变量(如计数器、数据指针等)没有进行数据保护。为了使这些子程序具有很好的可移植性和通用性,编程者应当对它们进行进栈保护;

(3)上面的编程是假设系统采用 12 MHz 的时钟,这样,指令 NOP 的执行时间是 1 μs,如果采用其他频率的时钟,NOP 指令的周期会发生变化,这样,程序中 NOP 指令的条数要作相应的改动以满足定时要求;

(4)时序中的定时时间按 I²C 总线的标准模式(S 模式—100 kHz)制定。

上面介绍了在 AT89C51 单片机系统中,利用软件模拟的方式完成 I²C 总线的各种基本时序和操作的编程。在后续的内容中将对 I²C 总线系统的"多字节读"、"多字节写"

子程序进行描述,实际上就是运用上述的各个子程序进行有机的组合而完成。

7.7 芯片内部的单元寻址

作为 I²C 总线的外围器件,大多器件还具有芯片内部的地址(如芯片内部的控制、状态寄存器,EEPROM 的存储单元地址等),因此对大多数 I²C 外围器件的访问实际上要分别处理"外围器件地址"和"器件内部的单元地址"这两部分内容。

7.7.1 内部单元的单字节访问

例如,对 EEPROM 24C02 芯片的 A0H 单元的读/写操作,操作过程如图 7-16 和图 7-17所示。

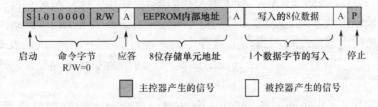

图 7-16 EEPROM24C02 的一个字节的写入帧格式(器件地址为 A0H)

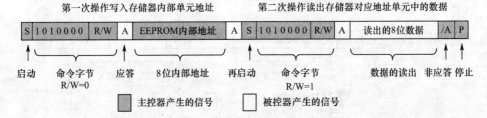

图 7-17 读指定地址存储单元中的一个数据帧格式(器件地址为 A0H)

从图 7-17 中可以看到:一个带芯片内部单元地址的读操作是要发送两次命令字节的。

(1)首先发送一个写操作的控制字(外围芯片地址 A0H 即 R/W=0);

(2)紧接着将内部单元地址发送出去(如 00H),这时,外围器件将内部单元地址 00H写入外围器件内的"地址计数器"中,这也是为什么前面是一个写命令的原因;

(3)当主控器收到外围器件的应答信号后,重新发送一个启动信号和一个读操作的命令字(A1H 即 R/W=1);

(4)外围器件收到命令并返回应答信号后,将内部单元(如 00H)的数据发到 SDA线上;

(5)主控器收到信号后向外围器件返回一个非应答信号后,发送一个停止信号并释放总线;

(6)外围器件收到主控器发出的非应答信号/A 后,停止数据的传送,释放总线。

7.7.2　内部单元的多字节访问

在很多情况下,对内部单元的访问往往是多字节的,例如对 EEPROM 几个连续单元数据的读操作或者写操作,又例如对外围器件中相关几个控制、状态寄存器的访问等。

对于具有内部单元地址的 I^2C 接口的外围器件,其内部都设计有一个内部地址计数器,每访问一次内部单元(无论是控制、状态寄存器还是 EEPROM 存储单元),其地址指针就会自动加 1,这种设计简化了对内部数据的访问操作。因此,如果要访问一个数据块,只要在发送控制命令时指定一个首地址即可,也就是由于这个原因,在访问内部一些相关的控制、状态寄存器数据时,应当利用这一特点,连续访问这些单元(尽管某些单元的内容无用),这样可以节省对外围器件的访问操作。

对于连续访问的数据数量是由主控器来控制的,具体地说是通过向外围器件发送非应答信号来结束这个数据的操作。对于数据块的读/写操作要注意两点:

(1)在读操作中要发送两次命令字:第一次是带有外围器件地址的写命令(R/W=0),将后续发出的内部地址写入到外围器件中的地址计数器中;第二次是发送带有外围器件地址的读命令(R/W=1),开始真正的读操作。两个命令字之间是由一个启动信号 S 来分割的;

(2)在写操作中,某些外围器件(如 EEPROM)连续写入的数据是受到限制的,如 24C02 每次连续写入的数据不能超过 8 个字节(这与其内部输入缓冲器的数量有关)。操作图如图 7-18 所示:

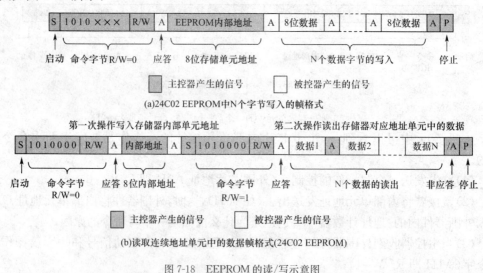

图 7-18　EEPROM 的读/写示意图

7.7.3　具有内部单元地址的多字节读子程序 RDADD / 写子程序 WRNBYT

在下列两个子程序中包含了前面所描述的各种子程序,在程序的前面还要使用伪指令定义以配合单片机引脚与外围器件的连接(如图 7-19 所示)。

　　SDA　BIT　$P_{1.0}$

SCL　BIT　$P_{1.1}$

具有内部单元地址的多字节读子程序 RDADD. ASM（参考图 7-20 与图 7-18（b））

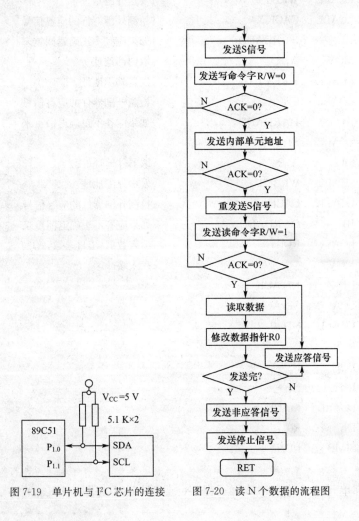

图 7-19　单片机与 I^2C 芯片的连接　　图 7-20　读 N 个数据的流程图

```
;*************************************
;通用的 I²C 通讯子程序（多字节读操作）
;入口参数
;R7 通讯中数据块的字节数
;R0 目标数据块首地址（单片机 RAM 数据块首地址）
;R2 从器件内部子地址（外围模块寄存器首地址）
;R3 器件地址（写），R4 器件地址（读）
;相关子程序 WRBYT、STOP、CACK、STA、MNACK、RDBYT
;*************************************
RDADD：PUSH    PSW
       PUSH    ACC
```

```
        LCALL   STA
        MOV     A,R3                    ;取器件地址(写)
        LCALL   WRBYT                   ;发送外围地址
        LCALL   CACK                    ;检测外围器件的应答信号
        JB      F0,RDADD                ;如果应答不正确返回重来
        MOV     A,R2                    ;取内部地址
        LCALL   WRBYT                   ;发送外围地址
        LCALL   CACK                    ;检测外围器件的应答信号
        JB      F0,RDADD                ;如果应答不正确返回重来
        LCALL   STA
        MOV     A,R4                    ;取器件地址(读)
        LCALL   WRBYT                   ;发送外围地址
        LCALL   CACK                    ;检测外围器件的应答信号
        JB      F0,RDADD                ;如果应答不正确返回重来
RDN：   LCALL   RDBYT                   ;读入数据(出口参数:A)
        MOV     @R0,A                   ;存入缓冲区
        DJNZ    R7,ACK
        LCALL   MNACK
        LCALL   STOP
        POP     ACC
        POP     PSW
        RET
ACK：   LCALL   MACK
        INC     R0
        SJMP    RDN
```

;＊＊＊＊＊＊＊＊＊＊＊＊＊＊＊＊＊＊＊＊＊＊＊＊＊＊＊＊＊＊＊＊＊＊＊＊＊＊＊

具有内部单元地址的多字节写子程序(参见图 7-21 与图 7-18(a))

;＊＊＊＊＊＊＊＊＊＊＊＊＊＊＊＊＊＊＊＊＊＊＊＊＊＊＊＊＊＊＊＊＊＊＊＊＊＊＊

;通用的 I^{2}C 通讯子程序(多字节写操作)

;入口参数

;R7 字节数

;R0 源数据块首地址(单片机内部 RAM 数据块起始地址)

;R2 从器件内部子地址(外围模块内部寄存器首地址)

;R3 器件地址(写),R4 器件地址(读)

;相关子程序 WRBYT、STOP、CACK、STA、MNACK

;＊＊＊＊＊＊＊＊＊＊＊＊＊＊＊＊＊＊＊＊＊＊＊＊＊＊＊＊＊＊＊＊＊＊＊＊＊＊＊

```
WRNBYT：PUSH   PSW
        PUSH    ACC
WRADD： MOV     A,R3                    ;取外围器件地址(包含 R/W＝0)
```

```
        LCALL   STA             ;发送起始信号 S
        LCALL   WRBYT           ;发送外围地址
        LCALL   CACK            ;检测外围器件的应答信号
        JB      F0,WRADD        ;如果应答不正确返回重来
        MOV     A,R2            ;取内部单元地址
        LCALL   WRBYT           ;发送内部寄存器首地址
        LCALL   CACK            ;检测外围器件的应答信号
        JB      F0,WRADD        ;如果应答不正确返回重来
WRDA:   MOV     A,@R0
        LCALL   WRBYT           ;写数据到外围器件
        LCALL   CACK            ;检测外围器件的应答信号
        JB      F0,WRADD        ;如果应答不正确返回重来
        INC     R0
        DJNZ    R7,WRDA
        LCALL   STOP
        POP     ACC
        POP     PSW
        RET
```

　;＊＊＊＊＊＊＊＊＊＊＊＊＊＊＊＊＊＊＊＊＊＊＊＊＊＊＊＊＊＊＊＊

（1）多字节读子程序 RDADD 和多字节写子程序 WRNBYT 的使用关键在于 5 个入口参数的设定。可以这样来记忆，使用这些入口参数：

R7：数据的字节数；

R0：单片机内部数据块的起始地址（无论是读还是写）；

R2：外围模块内部寄存器首地址（无论是读还是写）；

R3：外围模块的写地址；

R4：外围模块的读地址。

（2）无论是 RDADD 或 WRNBYT 子程序，在使用时还应将 WRBYT、STOP、CACK、STA、MNACK、RDBYT 等各个小的子程序包含进来，因为 RDADD 或 WRNBYT 子程序要调用它们。

（3）所以我们可以将复杂的 I²C 通讯过程简化为一个主、从机之间的数据块交换过程，即多字节的发送或多字节的接收（以主控器的角度定义发送与接收）。使用两个子程序的关键在于设定好相关的 5 个入口参数，这样运用两个子程序就可以方便地实现一个复杂的 I²C 通讯。

（4）有一点必须提醒读者，尽管采用模拟的方法实现了

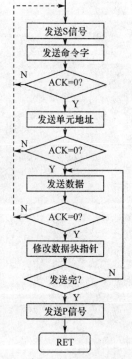

图 7-21　写 N 个数据的流程图

I^2C 通讯的过程，但这只是一个最基本的操作过程。因为在上述的程序中并没有考虑"时钟同步"和"总线仲裁"的功能，这样，当读者使用一个速度比较低的外围器件时可能会发生通讯失败的情况（如后续内容中的 ZLG7290 芯片）。解决这个问题的方法是增加"时钟同步"的编程，或对程序中的相关内容进行微调。但对大多数的外围芯片，上述的程序都是可以正常运行的。对于"时钟同步"的编程留给读者去尝试。如果是多主机结构的系统则还要考虑到"总线仲裁"编程，这里就不做描述了。

7.8　I^2C 通讯子程序/子函数

有关汇编语言和 C 语言编程的 I^2C 子程序/子函数编程请参见附录 2 和附录 3 中的介绍，这里就不做描述了。

第8章

I²C 外围器件编程

 知识导入

在 DP-51PROC 综合实验台的 D5 区,设计了三种具有 I²C 总线接口的外围器件,它们分别是:

(1)PCF8563T 实时时钟 RCT 芯片(芯片外围地址 A2H/A3H);

(2)CAT24WC02 EEPROM 芯片(芯片外围地址 A0H/A1H);

(3)ZLG7290 LED 动态显示、键盘扫描芯片(芯片外围地址 70H/71H)。

运用第 7 章所描述的模拟编程方法可以很方便地实现对上述器件的读写控制及各种实验练习。在完成每一个独立的芯片实验基础上,还可以将它们有机地结合起来构成一个具有一定实用价值的综合设计题目。

通过这一章的实践,不仅可以帮助我们掌握对 I²C 外围器件的编程方法,还可以进一步感受到 I²C 系统简洁、方便的硬件结构,为将来实际工程应用打下一个良好的基础。

8.1 EEPROM 芯片原理及实验

24 系列 EEPROM 是目前单片机系统中应用比较广泛的存储芯片。采用 I²C 总线接口,占用单片机的资源少、使用方便、功耗低、容量大,被广泛应用于智能化产品设计中。

8.1.1 24 系列 EEPROM 器件简介

24 系列 EEPROM 为串行接口的、用电来擦除的可编程 COMS 只读存储器,擦除次数高达 10 万次以上,典型的擦除时间为 5 ms,片内数据存储时间可达 40 年以上。采用单+5 V 供电,工作电流 1 mA,备用状态 10 μA。

(1) 24 系列 EEPROM 芯片的引脚定义(如图 8-1 所示)

• SDA:串行数据输入/输出端,漏极开路结构,使用时必须外接一个 5.1 k 的上拉电阻,通信时高位在先;

• SCL:串行时钟输入端,用于与输入数据同步;

• WP:写保护,用于对写入数据的保护。WP=0 不保护;WP=1 保护,即所有的写操作失效,此时的 EEPROM 实际上就是一个只读存储器;

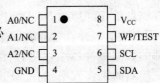

图 8-1　24 系列 EEPROM 芯片引脚图

- Λ0～Λ2：器件地址编码输入，I^2C 总线外围器件的地址由 7 位组成；其中高 4 位为生产厂家为每一型号芯片固定设置的地址，也称"特征码"；低 3 位以器件地址编码输入的形式留给用户自行定义地址。理论上，在同一个 I^2C 总线系统中最多可以使用 8 个同一型号的外围器件；
- TEST：测试端。生产厂家用于对产品的检验，用户可以忽略；
- V_{CC}：+5 V 电源输入端；
- NC：空脚。

（2）24 系列 EEPROM 芯片特性及分类（参见表 8-1）

在 24 系列产品中芯片可以划分 4 种类型。由于设计的年代不同，其性能、容量、器件地址编码的方式等各不相同。其中，第一类芯片属于早期产品，不支持用户引脚自定义地址功能，所以在一个系统中只能使用一个该型号的芯片，同时还不具备数据保护功能；第二类芯片是目前常用的类型，不仅具备数据保护，还有用户引脚地址自定义功能，所以在一个系统中可以同时使用 1～8 个该信号的芯片；第三类芯片基本上类似于第二类，区别在于器件地址的控制比较特殊；第四类芯片的主要特点是容量大，并支持全部的器件定义地址，因此在一个系统中可同时使用 8 个该型号的芯片。

表 8-1　24 系列 EEPROM 芯片特性、分类表

类别	型号	容量	页数	连续写入数据个数	器件地址编码	系统可用数量	硬件保护区域	命令字节格式		
								型号特征地址 D7 D6 D5 D4	引脚页地址 D3 D2 D1	R/W D0
一	AT24C01	128	×	8	不支持	1	不支持	1 0 1 0	× × ×	1/0
二	AT24C01A	128	×	8	A2 A1 A0	8	全部	1 0 1 0	A2 A1 A0	1/0
	AT24C02	256	×	8	A2 A1 A0	8	全部	1 0 1 0	A2 A1 A0	1/0
	AT24C04	512	2	16	A2 A1 NC	4	高 256	1 0 1 0	A2 A1 P0	1/0
	AT24C08	1K	4	16	A2 NC NC	2	不支持	1 0 1 0	A2 P1 P0	1/0
	AT24C16	2K	8	16	NC NC NC	1	高 1 K	1 0 1 0	P2 P1 P0	1/0
三	AT24C164	2 K	8	16	A2 A1 A0	8	高 1K	1 A2 A1 A0	P2 P1 P0	1/0
四	AT24C32	4 K	×	32	A2 A1 A0	8	高 1 K	1 0 1 0	A2 A1 A0	1/0
	AT24C64	8K	×	32	A2 A1 A0	8	高 2 K	1 0 1 0	A2 A1 A0	1/0

表 8-1 列出了 24 系列 EEPROM 芯片的特性与分类。对于表中内容说明如下：

①"容量"是指字节数，如 128 是指 128×8，即 128 个字节，每个字节为 8 bit；

②"页数"是指存储器中每 256 个字节为一页。当芯片的存储容量小于等于 256 个字节时其容量实际上局限于一页的范围之内；

③"连续写入数据数"是指主控器向 EEPROM 存储器一次连续写入的字节数的数量。与普通的 SRAM 存储器不同，在写数据过程中 EEPROM 要占用大量的时间来完成存储器单元的擦除、写入操作。为了提高整个系统的运行速度，在芯片的设计中采用了"写入数据缓冲器"结构，即主控器通过总线高速将待写入的数据先送入到 EEPROM 内部的数据缓冲器中，然后留给 EEPROM 自己逐一写入。这种设计方法可以极大地提高主控器的工作效率，当 EEPROM 在烧写数据时主控器可以进行其他的工作。在 24 系列 EEPROM 中，不同的芯片其内部的缓冲单元的数量是不同的，在编程中一次连续写入 EEPROM 的数据字节数不能超过缓冲器的单元数，否则会出现错误。因此所谓的"连续写入数据个数"实际上就是指 EEPROM "写入数据缓冲器"的数量；

④"器件地址编码"指器件 7 位地址码中低 3 位引脚地址的定义功能。理论上 I²C 总线外围的低 3 位地址是由器件本身的 3 个引脚的电平来确定的,这种方法为在一个系统中使用多个同一型号的芯片带来了灵活性。但在实际设计中 7 位地址码中的低 3 位不全留给使用者使用和定义。这在 I²C 总线外围器件中也是常见的;

⑤"系统可用数量"是指在同一个 I²C 总线系统中可同时使用某一型号芯片的数量。不难看出,这个数据实际上是由芯片本身的"器件地址编码"功能来决定的;

⑥"硬件保护区域"是指对 EEPROM 存储器中原先写入的数据进行保护。与普通的 SRAM 不同,EEPROM 存储的数据往往是一些重要的参数(如表格、程序运行参数等),采用保护措施后可以防止误操作而破坏系统的软件系统。保护功能是通过芯片的 WP 引脚接高电平实现的。在实际应用中可由主控器(单片机)的一个 I/O 口线控制或直接与 V_{CC} 连接或接地处理;

⑦"命令字节格式"是指芯片的地址码加方向控制 R/W 位。这实际上是主控器寻址外围器件的命令字。在这个字节中,除了最低位 D0 是由主控器发出的读或写控制码外,高 7 位中的高 4 位由厂家已经定义为 1010(AT24C164 除外),其余低 3 位根据芯片型号(容量)的不同而不同。这低 3 位(D3、D2、D1)的定义实际上与芯片的"器件地址编码"即引脚地址定义功能有关:

• 对于 A2~A0 引脚全部参与器件地址定义的情况,注意,这也是存储单元不分页的芯片。因此,7 位地址码实际上是一种规范的"4+3"格式,即 4 位特征码加上 3 位器件地址码。只要使用者在硬件上将芯片的 A2~A0 引脚处理好,则该芯片的地址就被唯一确定下来。以 AT24C01A 为例:将芯片的 A2~A0 全部接地,这样芯片的 7 位地址为 1010000,主控器要去读该芯片中的数据,其命令字节为 10100001(R/W=1);

• 对于芯片引脚 A2~A0 部分参与器件地址定义的芯片(如 AT24C04/08),其没有参与地址定义的引脚(如 A0/A0、A1)实际上在命令字的对应位置上起到一个"页选 Pi(i=1、2 或 3)"的功能,其页选数正好与不参与器件地址定义引脚的个数有关;

• 对于芯片引脚 A2~A0 全不介入器件引脚定义的芯片(如 AT24C16),虽然其硬件引脚 A2~A0 无用,但在命令字对应的位置上实际成为页地址的选择位,所以主控器寻址该器件时,其命令字中的 7 位地址实际上是 4 位特征码加 3 位页地址;

• 对于第三类芯片 AT24C164 而言,其 A2~A0 全部参与器件地址定义,存储区域又分为 8 页。那么如何将这些"器件地址"和"页地址"信息通过命令字表达出来呢?只有占用原来特征码三个位的位置了,这是一种较为特殊的寻址方式;

• 对于第四类芯片(AT24C32/64),虽然其存储容量大大超过了 256 字节,但采用了不分页的处理方法。这就意味着主控器必须使用双字节的地址信息来确定具体的存储单元(而其他型号的存储单元地址为单字节);

⑧"R/W"读写控制位,也称方向位。R/W=1 为读操作,R/W=0 为写操作;

(3)芯片寻址与存储单元寻址

EEPROM 作为 I²C 总线的外围器件不仅需要芯片的地址(4 位特征码+3 位器件地址)供主控器寻址,还要有与读写操作相关的存储单元地址。这就决定了主控器对 EEPROM 的访问不同于其他常规外围器件的操作过程。

对于绝大多数的 24 系列 EEPROM 芯片对于容量超过 256 字节的芯片都具有页选功能,这样,通过芯片地址来指向芯片和要访问的页,然后再使用一个字节的"页内地址"来指明存储单元。所以在这种情况下其存储单元地址是单字节结构;而对 AT24C32/64 型号的芯片,因为其存储区域没有分页,而存储容量又大大地超出 256 个字节。所以对 4K/8K 的访问只能采用 13 位地址,实际上就不得不采用 2 个字节的形式来指明访问的存储单元。

8.1.2　24 系列 EEPROM 芯片的读写操作

(1)写操作

写操作分为字节写和数据块写两种模式。

①字节写

在这种方式中,主控器首先发送一个命令字(特征码＋器件地址＋R/W),待得到外围器件的应答信号 ACK 后,再发送一个字节/两个字节的内部单元地址,这个内部单元地址被写入到 EEPROM 的地址指针中去。主控器收到 EEPROM 的应答信号后就向 EEPROM 发送一个字节的数据(高位在先),EEPROM 将 SDA 线上的数据逐位接收存入输入缓冲器中,并向主控器反馈应答信号。当主控器收到应答信号后,向 EEPROM 发出停止信号 P 并结束操作、释放总线。而 EEPROM 收到 P 信号后,激活内部的数据编程周期,将缓冲器中的数据烧写到指定的存储单元中。在 EEPROM 的数据编程周期中为了保证数据烧写的正确性和完整性,对所有的输入都采取无效处理,不产生任何的应答信号,直到数据编程周期结束,数据被写入指定的单元后,EEPROM 才恢复正常的工作状态(如图 8-2、图 8-3 所示)。

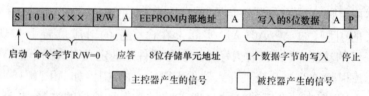

图 8-2　AT24C01/02/04/08/16 的字节写入帧格式

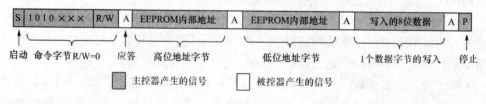

图 8-3　AT24C32/64 的字节写入帧格式

②数据块写

基本操作类同字节写,但有几点应当注意:

· 连续写入的数据数量不能超过芯片本身数据缓冲器单元的数量(详见表 8-1);

· 主控器通过发送停止信号 P 作为操作过程的结束,实际上起到控制写入数量的作用;

• 当存储器收到主控器的停止信号后,激活数据编程周期,开始数据的烧写过程。在这个过程结束前,存储器不接收外部的任何信号;

• 烧写数据的时间取决于数据的数量,如数量 N＝8,则时间约为 8 ms;如果 N＝32,则时间为 32 ms。

AT24C32/64 的数据块类同 AT24C01/02/04/08/16(如图 8-4 所示)。

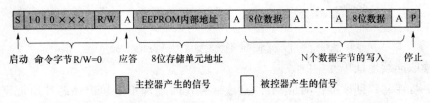

图 8-4 AT24C01/02/04/08/16N 个字节写入的帧格式

(2)读操作

与写操作不同,读操作分为两个步骤完成:

• 利用一个写操作(R/W＝0)发出寻址命令并将内部的存储单元地址写入 EEPROM 的地址指针中,在这个过程中 EEPROM 反馈应答信号,以保证主控器判断操作的正确性;

• 主控器重新发出一个开始信号 S,再发送一个读操作的命令字(R/W＝1),当 EEPROM 收到命令字后,返回应答信号并从指定的存储单元中取出数据,通过 SDA 线送出;

另外,因为读操作没有数据烧写操作,因此不使用数据缓冲器。这样,连续读数据的数量不受数据缓冲器数量的限制。

读操作有三种情况:

• 读当前地址单元中的数据

在串行 EEPROM 芯片内部有一个可以自动加 1 的地址指针。每当完成一次读/写操作时,其指针都会自动加一指向下一个单元。只要芯片不断电,指针中的内容就一直保留。当主控器没有指定某一存储单元地址时,EEPROM 就按当前地址指针中的地址内容寻址、操作。在这种情况下,因为不用对 EEPROM 中的地址指针重新赋值,所以省去对 EEPROM 的写操作(如图 8-5 所示)。

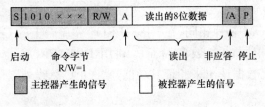

图 8-5 读当前地址单元数据的帧格式

• 读指定地址存储单元中的数据

首先利用一个写操作(R/W＝0)发出寻址命令以便将后续的内部地址写入 EEPROM 的地址指针中,然后主控器重新发出一个开始信号 S,再发送一个读操作的命令字(R/W＝1),当 EEPROM 收到命令字后,回一个应答信号并从指定的存储单元中取出数据通过 SDA 线送出(如图 8-6 所示)。

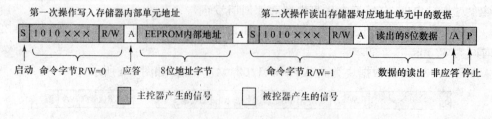

图 8-6 读指定地址存储单元中的数据帧格式(AT24C01/02/04/08/16)

• 读取连续地址单元中的数据

在进行连续数据读操作时应当注意:连续操作时地址不要超出该芯片所规定的页内地址的范围,否则将发生地址重叠错误。在图 8-7 中给出的是 AT24C01/02/04/08/16 芯片的操作帧格式,AT24C32/64 型号的区别在于第一次写操作时的存储单元地址为双字节(参见图 8-8),其余部分是一样的。

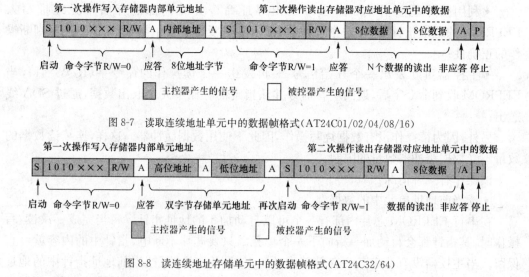

图 8-7 读取连续地址单元中的数据帧格式(AT24C01/02/04/08/16)

图 8-8 读连续地址存储单元中的数据帧格式(AT24C32/64)

8.1.3 CAT24WC02 EEPROM 读写编程实验

(1)实验目的

与 24 系列 EEPROM 芯片相同,在 DP-51PROC 实验台上的 CAT24WC02 与前面描述的 AT24C02 具有相同的参数和特征。利用 DP-51PROC 上的硬件资源编程对 AT24C02 的数据写入、数据读出来验证其功能,掌握 I^2C 总线外围器件的编程方法。

(2)实验要求

整个实验分为两种运行模式:

• 烧写数据、读出数据。当烧写、读出操作正常后,关闭实验台的电源系统;

• 重新为实验台上电,直接读出 EEPROM 中前一次所烧写的数据,以验证 EEPROM 中数据的"非易失性"。

两种运行模式由 SW1 控制:当运行于第一种模式时,SW1 必须事先置于高电平(逻辑"1");第二种运行模式时,SW1 要事先置于低电平(逻辑"0")。两种模式之间要有一次停电的过程,以验证 EEPROM 掉电时数据不丢失的特点。

(3)算法说明

首先在单片机的 30H~37H 中建立一个内容为 00H~07H 的数据块,然后分别将其烧写到 EEPROM 的 00H~07H 单元中。再将 EEPROM 中所烧写进的 8 个数据读回到单片机内存 38H~3FH 中来。在调试程序时,采用断点的运行方式,在 EEPROM 所烧写的数据读回到单片机的存储器后,利用观察窗口对存储器中的 38H~3FH 数据进行观察、验证,看一下是否为烧写的数据。

(4)准备工作

预习 I²C 通讯协议及 EEPROM 芯片的结构及编程方法。

(5)实验电路及连接

使用两条连接线实现 I²C 的组网联接,另使用一条连接线将 $P_{1.7}$ 与 SW1 连接作为程序的读写控制信号(如图 8-9 所示)。

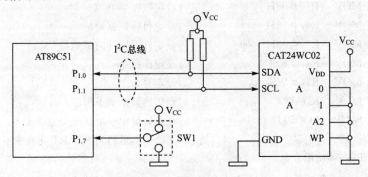

图 8-9　实验电路的连接

(6)参考程序及流程图(如图 8-10 所示)

```
;* * * * * * * * * * * * * * * * * * * * * * * * * *
;这是一个 I²C 总线 EEPROM_24C02 的实验程序
;* * * * * * * * * * * * * * * * * * * * * * * * * *
SDA     BIT     P1.0
SCL     BIT     P1.1
WSLA    EQU     0A0H
RSLA    EQU     0A1H
        ORG     8000H
        LJMP    8100H

;* * * * * * * * * * * * * * * * * * * * * * * * * *
;       主程序
;* * * * * * * * * * * * * * * * * * * * * * * * * *
        ORG     8100H
START：SETB     P1.7            ;P1.7 设定为输入口
        JNB     P1.7,LOOP11     ;如果 P1.7＝0 则读 EEPROM 数据
```

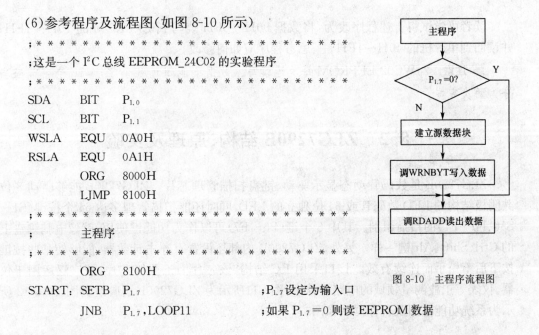

图 8-10　主程序流程图

主程序

$P_{1.7}=0$?

建立源数据块

调 WRNBYT 写入数据

调 RDADD 读出数据

```
            MOV    R7，♯08H           ;如果 P1.7－1 则先写入后读出
            MOV    R0，♯30H
            CLR    A
LOOP：      MOV    @R0,A
            INC    R0
            INC    A
            DJNZ   R7,LOOP
AA：                                  ;数据块的写操作开始
            MOV    R7,♯08H           ;设定写入数据字节个数
            MOV    R0,♯30H           ;设定源数据块的首地址
            MOV    R2,♯00H           ;设定外围芯片的内部地址
            MOV    R3,♯WSLA
            LCALL  WRNBYT
                                     ;数据块读操作开始
LOOP11：    MOV    R7,♯08H           ;设定数据字节数
            MOV    R0,♯38H           ;设定目标数据地址
            MOV    R2,♯00H           ;设定外围器件内部地址
            MOV    R4,♯RSLA          ;设定读命令
            MOV    R3,♯WSLA          ;设定写命令
            LCALL  RDADD             ;调用读数据块子程序
            SJMP   LOOP11            ;在此处设定一个断点
                                     ;之所以不返回到 START 为减少不必要的写操作
; 延长 EEPROM 使用寿命
; * * * * * * * * * * * * * * * * * * * * * * * * * * * * * * * * * * * *
;通用的 I²C 通讯子程序 WRNBYT、RDADD,STOP、CACK、STA 等参见附录 2 并添加进来
; * * * * * * * * * * * * * * * * * * * * * * * * * * * * * * * * * * * *
```

读者可尝试将上述程序改为:将数据 00H～0FH 烧写到 EEPROM 的 10H～1FH,并读回到单片机的 40H～4FH 中,思考程序应如何修改。

🐾 **注意**   24WC02 EEPROM 每次连续写入数据不能超过 8 个字节,16 个字节应当分为两次完成。

8.2   ZLG7290B 结构、原理及实验

ZLG7290B 是数码管动态显示驱动、键盘扫描管理芯片。ZLG7290B 能够驱动 8 位共阴极结构的 LED 数码管或 64 位独立的 LED,同时还能扫描管理多达 64 个按键(S1～S56、F0～F7)的扫描识别。其中 8 个键(F0～F7)可以作为功能键使用,就像电脑键盘上的 Ctrl、Shift、Alt 键一样。另外,ZLG7290B 内部还设置有连击计数器,能够使某些按键按下后不松手而连续有效。接口采用 I²C 结构,该芯片为工业级芯片,被广泛运用于仪器、仪表等工业测量领域的电路设计中,图8-11所示为 ZLG7290B 引脚逻辑图,图 8-12 所示为系统功能框图及寄存器映像图。

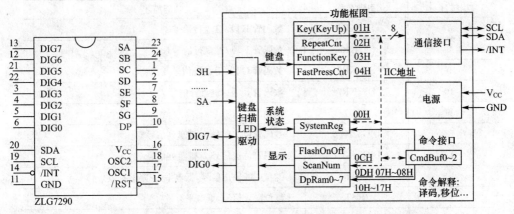

图 8-11　ZLG7290B 引脚逻辑图　　　　图 8-12　系统功能框图及寄存器映像图

8.2.1　ZLG7290B 的主要特征

- 直接驱动 1 英寸以下的 8 位 LED 共阴极数码管或独立的 64 位 LED；
- 能够管理多达 64 个按键，具有自动去抖功能，其中 8 个按键可直接作为功能键使用；
- 段电流可达 20 mA，位电流可达 100 mA 以上；
- 利用外接功率驱动器可以驱动一英寸以上的大型数码管；
- 具有闪烁、段点亮、段熄灭、功能键、连击计数等功能；
- 提供 10 种数字、21 种字母的译码显示功能，也可以将字形码写入显示寄存器直接显示数据；
- 系统仅使用键盘电路时，工作电流为 1 mA；
- 与主控器之间采用 I²C 接口，仅需两条信号线；
- 工作电压范围：+3.3 V～+5.5 V；
- 工作温度范围：−40℃～+85℃；
- 封装：DIP24（窄体）或 SOP24。

8.2.2　引脚图及功能说明

表 8-2 为 ZLG7290B 的引脚功能表图（参考图 8-11、图 8-12）

表 8-2　ZLG7290B 的引脚功能表图（参照 8-13 ZLG7290B 典型应用电路原理图）

引脚序号	引脚名称	功能描述
1	SC/KR2	数码管 C 段/键盘行信号 2
2	SD/KR3	数码管 D 段/键盘行信号 3
3	DIG3/CK3	数码管位选信号 3/键盘列信号 3
4	DIG2/CK2	数码管位选信号 2/键盘列信号 2
5	DIG1/CK1	数码管位选信号 1 键盘列信号 1
6	DIG0/CK0	数码管位选信号 0/键盘列信号 0

（续表）

引脚序号	引脚名称	功能描述
7	SE/KR4	数码管 E 段/键盘行信号 4
8	SF/KR5	数码管 F 段/键盘行信号 5
9	SG/KR6	数码管 G 段/键盘行信号 6
10	DP/KR7	数码管 dp 段/键盘行信号 7
11	GND	接地
12	DIG6/KC6	数码管位选信号 6/键盘列信号 6
13	DIG7/KC7	数码管位选信号 7/键盘列信号 7
14	/INT	键盘中断输出信号,低电平(下降沿有效)
15	/RST	复位输入信号,低电平有效
16	V_{CC}	电源输入端,+3.3 V～+5.5 V
17	OSC1	晶体输入信号
18	OSC2	晶体输出信号
19	SCL	I^2C 总线时钟信号
20	SDA	I^2C 总线数据信号
21	DIG5/KC5	数码管位选信号 5/键盘列信号 5
22	DIG4/KC4	数码管位选信号 4/键盘列信号 4
23	SA/KR0	数码管 A 段/键盘行信号 0
24	SB/KR1	数码管 B 段/键盘行信号 1

8.2.3　ZLG7290B 典型应用电路原理图

ZLG7290B 典型应用电路原理图如图 8-13(a)所示:

(1)图中自左向右的数码管(DIG0～DIG7)对应实际 PCB 板的位置应是自右向左,也就是说 DIG0 对应最低位 LSB 数码管(应当在 PCB 板靠右侧),DIG7 对应最高位 MSB 数码管(在 PCB 板靠左侧),在设计 PCB 板时应当特别注意;

(2)在 DP-51PROC 实验台上,实际上只连接了 K1～K16 按键(对应的键值为01H～10H);

(3)ZLG7290 芯片其工作速度比 S(标准模式)的速率(100 Kb/s)要低,主要表现在"读操作"上(写操作速度满足 S 标准)。如果采用前面的模拟编程可能会造成读失败,在后续的内容中将会做相应处理方式的描述(参见第 8 章内容)。但对于具有 I^2C 接口的 MCU 则靠总线的速度协调(SCL/SCK 同步功能)来保证通讯的正确性,这种单片机的 I^2C 接口会正常地对 ZLG7290 进行读、写操作;

(4)ZLG7290 的读出键值是从 1 开始的(K1=01H),为了产生 0 的键值(K1=00H、K2=01H 等)可人为地将读出的键值进行置-1 处理。

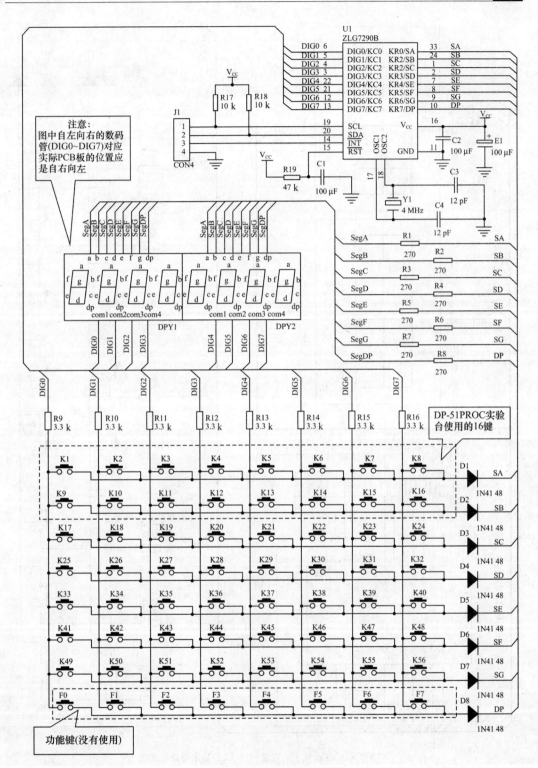

(a)ZLG7290B 典型应用电路原理图

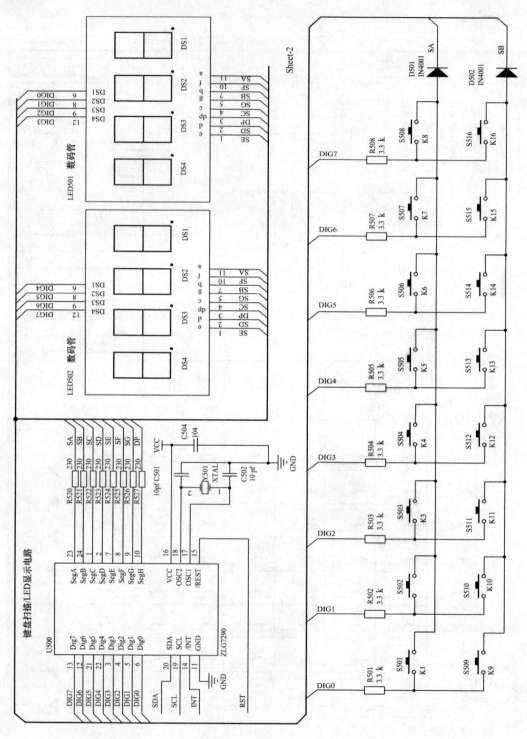

(b)DP-PROC 实验仪上的键盘扫描、LED 显示电路原理图

图 8-13

8.2.4　ZLG7290B 内部寄存器详解(参考图 8-13(b))

(1)系统寄存器 SystemReg(地址:00H)

寄存器的第 0 位(LSB)称作 KeyAvi(按键有效位)。

KeyAvi=1 表明有按键按下;

KeyAvi=0 表明没有按键操作。

当有按键按下时,在 ZLG7290B 的/INT 引脚会产生一个低电平的中断请求信号。当读走键值后中断信号会自动消失(不读键值时,一段时间后/INT 引脚也会回到高电平)。因此,对于按键的监测可以有两种方法:

• 利用读系统寄存器的 D0 位是否为 1 来判断是否有按键操作。这一方法的优点是无须另加信号线,通过查询 KeyAvi 位实现对键盘的"软扫描",从这个特点来说,编者更愿意将"系统寄存器"称之为"键盘状态寄存器",这种查询方法的缺点是:需要对 7290B 不断地进行读写操作,浪费 CPU 的资源,因为过多的 I²C 通讯会使系统消耗过多的电流并形成一定的电磁干扰;

• 利用 7290B 的/INT 信号线与单片机的外部中断输入端/INT 相连接,单片机可以采用中断(或查询/INT 引脚电平)的方法来对键盘实现监控。INT 方法的优点是避免了较为复杂的 I²C 的信息交换,使程序结构得以简化,特别是单片机采用中断方式时,减轻了 CPU 的查询负担,提高了系统的工作效率;缺点是,在硬件结构上增加了一条/INT 中断信号线。

(2)键值寄存器 Key(地址:01H)

如果按下的是普通的按键(如 K1~K56——参见图 8-13),则键值寄存器 Key 中就会保留其按键所对应的键值(1~56),当此键值被读走后,键值寄存器的内容自动回零。如果当/INT 为 0 而键值寄存器 Key 的内容为 0 时,则表明按下的是功能键 F0~F7(参见图 8-13)。

(3)连击计数器 RepeatCnt(地址:02H)

ZLG7290B 还为普通按键(K1~K56)提供一种"连击计数"功能。当按下某一普通按键时,经过一段时间(7290B 使用 4 MHz 晶体时约 2 秒)开始连续计数(只要按键不释放),计数周期为 170 毫秒(7290 B 使用 4 MHz 晶体时)。

一个完整的连击计数过程是这样的:当按下某一普通按键一直不松手时,首先会产生一个中断信号(/INT=0),此时"连击计数器"的值还是 0。经过 2 秒延时后(7290B 使用 4 MHz 晶体时)芯片会连续产生中断有效信号,而每次中断时"连击计数器"就会自动加 1,当此计数器计满 255 时其计数值就不再增长,而中断信号一直有效。在此期间键值寄存器的值每次都会产生。

(4)功能键键值寄存器 FunctionKey(地址:03H)

在 ZLG7290B 的键盘矩阵中 F0~F7 被定义为功能键(参见图 8-13),当按下某一功能键时,其/INT 脚上就会像按下普通键一样产生低电平的中断申请信号。与普通键的区别是,按下功能键时在键值寄存器中不会产生键值,而是在功能键寄存器中产生对应的"功能键代码",功能键寄存器中的每一位对应一个功能键:如 D0 位(LSB)对应 F0,按下 F0 键时,此位为 0,同理 D7 位(MSB)对应 F7 键,即当某一个功能键被按下时寄存器中其 FunctionKey 位就会被清零,功能键寄存器初始值为 FFH。

功能键的另一个特征是"二次中断",即按下时和抬起时都会产生中断,而普通键(K1~K56)只会在按下时产生中断。

(5)命令寄存器 CmdBuf0 和 CmdBuf1(地址:07H、08H)

通过向命令寄存器写入相关的控制命令可以实现段寻址、下载显示数据、控制闪烁等功能(相关命令字详见后续)。

(6)闪烁控制寄存器 FlashOnOff(地址:0CH)

FlashOnOff 寄存器决定着闪烁的频率和占空比。ZLG7290B 复位时初值为 0111B、0111B,其中高四位决定着闪烁时亮的时间;低四位决定着闪烁时灭的时间。改变 FlashOnOff 的值同时改变了闪烁的频率和占空比。当 FlashOnOff 的值为 00H 时可以获得最快的闪烁速度。

需要说明的是:单独控制 FlashOnOff 寄存器的值并不会看到闪烁的效果,而是配合闪烁命令字一起使用(参见第 8 章)。

(7)扫描位数寄存器 ScanNum(地址:0DH)

ScanNum 寄存器决定着 ZLG7290B 动态扫描显示的位数,取值 0~7,对应显示 1~8 位。ZLG7290B 复位时 ScanNum 寄存器的值为 7,即数码管的 8 位都显示。在实际应用中可以根据需要来确定显示的位数。当显示的位数小于 8 位时因为扫描的周期变短而会使数码管显示的亮度增加。当 ScanNum=0 时(一位显示),其亮度达到最高值。

(8)显示缓冲寄存器 DpRam 0~7(地址:10H~17H)

DpRam 0~7 八个显示缓冲寄存器直接决定着数码管上所显示的字形和显示的位置。在 DP-51PROC 综合实验台上,DpRam 0 寄存器对应着最右面的数码管(DIG0——参见图 8-13);同理,DpRam 7 对应着最左面的数码管(DIG7)。在每一个寄存器中,D7~D0 分别对应数码管的 a~g 和 dp,也就是说 DpRam 0~7 寄存器中装载的是字形码而非二进制数。

不难看出,只要将要显示数字的字形码分别装入到 DpRam 0~7 中,则数码管上就会显示出字形(参见表 8-3)。

对于初学者,从简化问题的角度出发,先从最基本的操作开始:

• 利用 ZLG7290B 通过 LED 来显示 8 位数据只需要掌握对显示缓冲单元的操作,即依次向 ZLG7290B 的 10H~17H 单元写入字型码,这时在 8 位数码管上就会出现与输入字型码对应的数字;

• 如果想利用 ZLG7290B 实现扫描键盘、读取按键的键值,则只需要从 01H 单元读取数据即可(当有按键操作时)。当然有两种方式来获取按键操作的信息:利用 INT 信号产生中断服务、读取 ZLG7290 的 01H 单元中的键值;或者采用不断地读取 ZLG7290 的 00H 单元的 D0 位,如果 D0=1 则读取 ZLG7290 的 01H 单元中的键值,否则继续查询 ZLG7290 的 00H 单元。

• 当读者能够比较熟练地实现键盘扫描和动态显示后,可以加入一些闪烁控制等较为复杂的操作。

表 8-3　ZLG7290B 显示缓冲器中字形码(驱动共阴极 LED)与现实字形的关系表

显示数据字形	数码管七段输入电平 a b c d e f g dp	字型代码 (共阴极)	图形及电路
0	1 1 1 1 1 1 0 0	FCH	
1	0 1 1 0 0 0 0 0	60H	
2	1 1 0 1 1 0 1 0	DAH	
3	1 1 1 1 0 0 1 0	F2H	
4	0 1 1 0 0 1 1 0	66H	
5	1 0 1 1 0 1 1 0	B6H	
6	1 0 1 1 1 1 1 0	BEH	
7	1 1 1 0 0 1 0 0	E4H	
8	1 1 1 1 1 1 1 0	FEH	
9	1 1 1 1 0 1 1 0	F6H	
A	1 1 1 0 1 1 1 0	EEH	
b	0 0 1 1 1 1 1 0	3EH	
C	1 0 0 1 1 1 0 0	9CH	
d	0 1 1 1 1 0 1 0	7AH	
E	1 0 0 1 1 1 1 0	9EH	
F	1 0 0 0 1 1 1 0	8EH	

为了区分数码管显示"8"、"B"以及"0"、"D"时产生混淆,将字母"B"和"D"的显示改为字母的小写形式"b"和"d"。

8.2.5　ZLG7290B 控制命令

在命令寄存器 CmdBuf0 和 CmdBuf1(地址:07H、08H)共同组成的命令缓冲区,可以通过向该寄存器写入相关的控制字来实现段寻址、移位、下载数据、控制闪烁等功能,如表 8-4 所示段寻址命令格式。

(1)段寻址命令(SegOnOff)

在段寻址命令中 8 个数码管是被看成 64 个段,每一个段被看成是独立的 LED 发光二极管。

表 8-4　　　　　段寻址命令格式

命令寄存器	D7	D6	D5	D4	D3	D2	D1	D0
CmdBuf0(07H)	0	0	0	0	0	0	0	1
CmdBuf1(08H)	On	0	S5	S4	S3	S2	S1	S0

其中,第一个字节 01II 为该命令的特征码,第二个字节中的"On"为点亮/熄灭控制位:

On＝1 时该段点亮;On＝0 时该段熄灭。S5～S0 为段地址:000000B～111111B 共 64 段,无效地址不会产生任何作用。其中每一段的段地址与"显示缓冲区"中的每一个寄存器、寄存器中的每一位由表 8-5 所示。

表 8-5　　　　　　　　　　　　　64 个段的段地址一览表

显示寄存器＼段	Sa	Sb	Sc	Sd	Se	Sf	Sg	Sh
dp Ram 0	00H	01H	02H	03H	04H	05H	06H	07H
dp Ram 1	08H	09H	0AH	0BH	0CH	0DH	0EH	0FH
dp Ram 2	10H	11H	12H	13H	14H	15H	16H	17H
dp Ram 3	18H	19H	1AH	1BH	1CH	1DH	1EH	1FH
dp Ram 4	20H	21H	22H	23H	24H	25H	26H	27H
dp Ram 5	28H	29H	2AH	2BH	2CH	2DH	2EH	2FH
dp Ram 6	30H	31H	32H	33H	34H	35H	36H	37H
dp Ram 7	38H	39H	3AH	3BH	3CH	3DH	3EH	3FH

之所以将其定义为 64 个段地址,是因为可以使用 ZLG7290B 来构建成一个 8×8 共 64 个发光二极管组成的 LED 阵列,通过阵列的方式显示文字甚至图形、符号等。

🐾注意　该命令的使用特点:一个命令字(两个字节)只能设定 64 个段的一个,要想实现 8×8 个 LED 的全部控制就要对应 64 条"段寻址"命令。

(2)下载数据命令(Download)

在命令格式中:

• 第一个字节中:高四位为命令特征码 0110,低四位 A3、A2、A1、A0 是数据显示所在的数码管地址(位置),其中 A3 为保留位暂时无用。在 DP-51PROC 综合实验台上,数码管的位置自右向左的地址分别为 0、1、2、3、4、5、6、7 由 A2、A1 和 A0 三位二进制数表示;

• 第二个字节中:dp 控制着小数点是否点亮。其中 dp＝1 时小数点点亮;dp＝0 时小数点熄灭;flash 表示是否要闪烁,其中 flash＝0 正常显示,flash＝1 则闪烁,闪烁速度可由"闪烁控制寄存器"控制;D4、D3、D2、D1、D0 为要显示的数据,这些数据包含 10 个数字(0～9)和 21 种字母,如表 8-6 所示。

表 8-6　　　　　　　　　　　　　下载数据命令字

命令寄存器	D7	D6	D5	D4	D3	D2	D1	D0
CmdBuf0(07H)	0	1	1	0	A3	A2	A1	A0
CmdBuf1(08H)	dp	flash	0	D4	D3	D2	D1	D0

下载数据命令字实际上提供了另外一种显示数据的方法,与直接向显示缓冲区 Dp Ram 0～7(地址:10H～17H)写入字形码来实现数据的显示相比,可以省去"软件查表"的操作(0～F),直接向显示缓冲区 DpRam 0～7(地址:10H～17H)写入 0H～1FH 二进制数据,就可以直接显示对应的字形。通过 dp、flash 位控制该字是否带小数点(dp＝1 时带小数点)、是否闪烁显示(flash＝1 时闪烁)。这种方法的缺点是:每一条下载命令只

能送一个显示字符。如果要显示 8 位数据则需要 8 条该命令。下载数据（D4,D3,D2,D1,D0）的命令字格式如表 8-7 所示：

表 8-7 下载数据命令中的数据于数码管上所显示的数字、字母对应关系表

D4 D3 D2 D1 D0(二进制)	D4 D3 D2 D1 D0(十六进制)	显 示 结 果
0 0 0 0 0	00H	0
0 0 0 0 1	01H	1
0 0 0 1 0	02H	2
0 0 0 1 1	03H	3
0 0 1 0 0	04H	4
0 0 1 0 1	05H	5
0 0 1 1 0	06H	6
0 0 1 1 1	07H	7
0 1 0 0 0	08H	8
0 1 0 0 1	09H	9
0 1 0 1 0	0AH	A
0 1 0 1 1	0BH	b
0 1 1 0 0	0CH	C
0 1 1 0 1	0DH	d
0 1 1 1 0	0EH	E
0 1 1 1 1	0FH	F
1 0 0 0 0	10H	G
1 0 0 0 1	11H	H
1 0 0 1 0	12H	i
1 0 0 1 1	13H	j
1 0 1 0 0	14H	L
1 0 1 0 1	15H	o
1 0 1 1 0	16H	p
1 0 1 1 1	17H	q
1 1 0 0 0	18H	r
1 1 0 0 1	19H	t
1 1 0 1 0	1AH	U
1 1 0 1 1	1BH	y
1 1 1 0 0	1CH	c
1 1 1 0 1	1DH	h
1 1 1 1 0	1EH	T
1 1 1 1 1	1FH	（无显示）

（3）闪烁控制字（flash）

闪烁控制字可以分别控制 8 个数码管是否闪烁。其中，第一个字节的高四位 0111B 为特征码,低四位无用。第二个字节表示被控制位的闪烁,每一位对应一个数码管,该位为 0 正常显示,为 1 则闪烁。ZLG7290B 复位后所有位都不闪烁,命令字格式如表 8-8 所示。

表 8-8　　　　　　　　　　　　　　　　闪烁控制命令字格式

命令寄存器	D7	D6	D5	D4	D3	D2	D1	D0
CmdBuf0(07H)	0	1	1	1	×	×	×	×
CmdBuf1(08H)	F7	F6	F5	F4	F3	F2	F1	F0

　　🐛**注意**　在 DP-51PROC 综合实验台上 F7 对应最左面的数码管,F0 对应着最右面的数码管。

　　上述的命令字的执行效果可以通过实验来验证。应当说明的是:命令字对 ZLG7290B 是唯一的,但是在硬件设计中,由于数码管等元件其实际物理位置的排放顺序可能不同而导致所谓的"左"和"右"不一致,这并不是命令的"不确定性",而是数码管在 PCB 板子上排放的顺序与常规顺序相反造成的,可以通过实验得到确认即可。

　　另外,ZLG7290B 还有用于移位控制的命令字,这里就不再叙述了,可以通过网络查询。

8.2.6　ZLG7290B 实验(一):数码显示实验

　　(1)实验目的

　　学习掌握 ZLG7290B 的数码管显示原理及编程方法。

　　(2)实验要求

　　在 DP-51PROC 实验台的 D5 区上,利用 ZLG7290B 控制的 8 位 LED 数码管显示"12345678",要求使用直接向 ZLG7290B 的显示缓冲寄存器 DpRam 0~7(地址:10H~17H)送入字形码的方法显示。

　　(3)算法说明

　　• 30H~37H:变量缓冲区,装载 8 个待显示的二进制数;

　　• 20H~27H:显示缓冲区,通过查表获取与变量缓冲区中二进制数据相对应的字形码,已备写入 ZLG7290B 中的 10H~17H 显示缓冲寄存器中进行显示。

　　首先使用一个循环程序在单片机的内存 30H~37H 中建立一个变量数据块,然后再次使用一个循环程序对其变量分别查表得到对应的字形码送到 20H~27H 的显示缓冲区中。然后调用 WRNBYT 子程序将显示缓冲区的 8 个字形码数据写入到 ZLG7290B 中进行显示。

　　(4)准备工作

　　预习 ZLG7290B 的工作原理、内部寄存器的作用以及数码显示的方法。

　　(5)实验电路及连接

　　在 DP-51PROC 实验仪上只需连接三条引线(SDA、SCL 和/RST)分别与单片机的 P1 口连接即可,TLC549 的电源、上拉电阻均已在仪器上接好(如图 8-14 所示)。

　　为了保证所有的 I^2C 实验程序中的子程序都具有通用性,就要保证 I^2C 外围器件的信号线采用完全一致的定义(如图 8-14 和图 8-9 所示),在后续的实验中也要保证这种约定。

　　另外,为了保证 ZLG7290B 芯片的正常工作,还应当将其悬空的/RST 引脚与单片机的一条口线相连接,通过程序的初始化部分先对 ZLG7290B 进行一次复位操作,确保该芯片的正常工作。

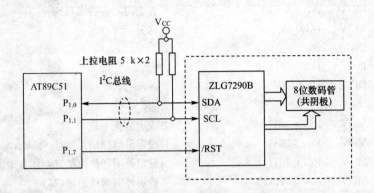

图 8-14　实验电路的连接

(6)参考程序及流程图(参考图 8-15 所示主程序流程图)

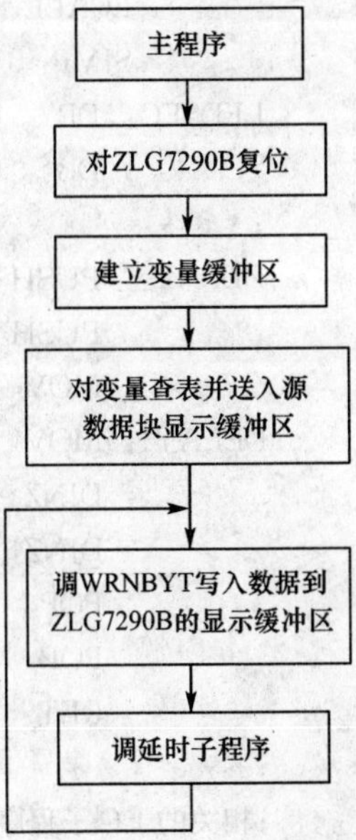

```
;* * * * * * * * * * * * * * * * * * * * * * * *
;这是一个 I²C 总线的动态显示试验程序
;在 8 个数码管上显示 12345678
;* * * * * * * * * * * * * * * * * * * * * * * *
        SDA     BIT   P1.0
        SCL     BIT   P1.1
        WSLA    EQU   070H
        RSLA    EQU   071H
        ORG     8000H
        LJMP    8100H
;* * * * * * * * * * * * * * * * * * * * * * * *
                              ;主程序
        ORG     8100H
START: CLR      P1.7           ;7290 复位
        LCALL   DELAY
        SETB    P1.7
        MOV     30H,#01H       ;变量缓冲区
        MOV     31H,#02H
        MOV     32H,#03H       ;注意变量取值范围 0～F
        MOV     33H,#04H
        MOV     34H,#05H
        MOV     35H,#06H
        MOV     36H,#07H
        MOV     37H,#08H
        MOV     DPTR,#LEDSEG    ;开始对变量查表
        CLR     A
```

（流程图）

主程序
↓
对ZLG7290B复位
↓
建立变量缓冲区
↓
对变量查表并送入源数据块显示缓冲区
↓
调WRNBYT写入数据到ZLG7290B的显示缓冲区
↓
调延时子程序

图 8-15　主程序流程图

```
              MOV    R7,#08H
              MOV    R0,#20H
              MOV    R1,#30H
LOOP1: MOV    A,@R1
              MOVC   A,@A+DPTR              ;查表得对应的字形码
              MOV    @R0,A                  ;送显示缓冲区
              INC    R1
              INC    R0
              DJNZ   R7,LOOP1
LOOP:
              MOV    R7,#08H                ;设定数据个数
              MOV    R0,#20H                ;设定源数据块首地址
              MOV    R2,#10H                ;设定外围器件内部寄存器首地址
              MOV    R3,#WSLA               ;设定外围器件地址(写)
              LCALL  WRNBYT                 ;调用显示子程序
              LCALL  DELAY                  ;使显示稳定
              SJMP   LOOP
LEDSEG: DB    0FCH,60H,0DAH,0F2H,66H,0B6H,0BEH,0E4H
              DB    0FEH,0F6H,0EEH,3EH,9CH,7AH,9EH,8EH
;* * * * * * * * * * * * * * * * * * * * * * * * * * * * * * * * * *
DELAY: PUSH   00H
              PUSH   01H
              MOV    R0,#00H
DELAY1: MOV   R1,#00H
              DJNZ   R1,$
              DJNZ   R0,DELAY1
              POP    01H
              POP    00H
              RET
;* * * * * * * * * * * * * * * * * * * * * * * * * * * * * * * * * *
;相关的 I²C 子程序(WRNBYT、WRBYT、STOP、CACK、STA)参见第 7 章,这里省略
;* * * * * * * * * * * * * * * * * * * * * * * * * * * * * * * * * *
              END
;* * * * * * * * * * * * * * * * * * * * * * * * * * * * * * * * * *
```

【采用 C 语言编写的参考程序】

```c
#include "reg51.h"
#include "intrins.h"
#define   DELAY5US _nop_();
sbit    SDA=P1^0;
sbit    SCL=P1^1;
sbit    DAT=P3^3;
```

```
sbit    CLK=P3^2;
sbit    CS=P3^4;
sbit    P1_7=P1^7;
#define WSLA1 0x70
#define RSLA1 0x71
void STA(void);
void STOP(void);
void CACK(void);
void WRBYT(unsigned char * p);
void WRNBYT(unsigned char * R3,unsigned char * R2,unsigned char * R0,unsigned char n);
void DELAY();
void main()
{
    unsigned char   n, * c, * y, * x,wai=0x10,WSLA=WSLA1;
    unsigned char   a[8]={0x60,0xda,0xf2,0x66,0xb6,0xbe,0xe4,0xfe};
    unsigned long int h=0,hh=0;
    P1_7=0;
    DELAY();
    P1_7=1;
    while(1)
    {
    x=&WSLA;
    c=&wai;
    y=a;
    n=8;
    WRNBYT(x,c,y,n);
    DELAY();
    }
}


void   DELAY()
{
    unsigned char i,j;
        for(i=0;i<100;i++)
        for(j=0;j<100;j++);
}
```

I²C 通讯的 STA、STOP、CACK、WRBYT 和 WRNBYT 五个子函数请参照附录 3 的内容编写。

读者可尝试将显示内容修改为当前的年、月、日，并将显示内容快速闪烁，思考源程序将如何修改。

运用向命令缓冲区(07H、08H)写入闪烁控制命令字便可实现对某些位的闪烁控制；

同时向"闪烁控制寄存器"(0CH)填入相应的参数调节闪烁频率。

8.2.7 ZLG7290B 实验(二):键盘扫描实验

(1)实验目的

学习掌握 ZLG7290B 的键盘扫描原理及编程方法。

(2)实验要求

利用中断的方式获取按键操作的信息,并在中断服务程序中完成键值的读取、显示操作。数码管初始显示为"data= ",当有按键操作时,将所读取的键值显示在最右的两位数码管上(如:当按下 S1 键时,显示"data=01")。

(3)算法说明

• DATA_1(30H～37H):变量缓冲区。装载变量,此变量在查表后就可显示"data= ",注意这与 LEDSEG 区域的字形码表有关;

• DISDA(20H～27H):显示缓冲区。装载着待显示的字形码,是将变量缓冲区中的 8 个数据经查表后添加进来,其中 20H 单元的字形码显示在 DP-51PROC 综合实验台上最右面(最低位)的 LED 数码管上。通过调用 WRNBYT 子程序将显示缓冲区中的数据写入 ZLG7290B 的 10H～17H 中,这样就可以将 8 位数字显示出来。

• 28H～2BH:装在从 ZLG7290B00H 单元开始读出的连续 4 个字节数据,其中 29H 就是键值。

• 当有按键操作时,利用 ZLG7290B 的 /INT 信号引发单片机的一个中断,利用中断服务程序从 ZLG7290B 中连续读取 4 个字节的数据,其中第二个字节(ZLG7290B 的 01H 寄存器)就是键值,将此值拆分、查表后送显示缓冲区的 20H、21H 单元。

(4)准备工作

预习 ZLG7290B 内部寄存器的作用及读取键值的方法。

(5)实验电路及连接(参见图 8-16)

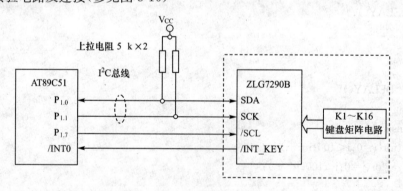

图 8-16 实验电路的连接

(6)参考程序及流程图(参考图 8-17 主程序流程图和图 8-18 所示中断程序流程图)

```
;##############################################
;这是一个键盘扫描程序
;将得到的键值(01H～10H)在右边两位数码管显示 (data=XX)
```

;程序采用中断结构,硬件连接上将 INT_KEY 信号与 P₃.₂(/INT0) 连接

;普通的 I²C 通讯程序可以直接利用,读数据子程序需要加延时

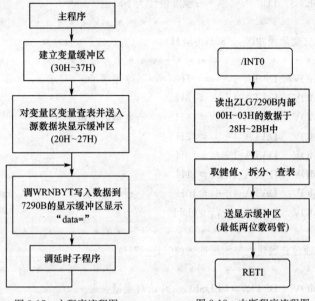

图 8-17　主程序流程图　　　　　图 8-18　中断程序流程图

;ZLG7290B 芯片在读数据时有延时,在 RDBYT 中添加一个 20 us 延时

;＃＃＃＃＃＃＃＃＃＃＃＃＃＃＃＃＃＃＃＃＃＃＃＃＃＃＃＃＃

```
SDA       BIT    P1.0
SCL       BIT    P1.1
WSLA      EQU    70H
RSLA      EQU    71H
DISDA     EQU    20H          ;源数据块首地址
DISCON    EQU    08H          ;写入数据个数
DATA_1    EQU    30H          ;变量区首地址
;* * * * * * * * * * * * * * * * * * * * * * * *
          ORG    8000H
          LJMP   8100H
;* * * * * * * * * * * * * * * * * * * * * * * *
          ORG    8003H
          LJMP   INT_7290
;* * * * * * * * * * * * * * * * * * * * * * * *
;            初始化部分
;* * * * * * * * * * * * * * * * * * * * * * * *
          ORG    8100H
START:    MOV    SP,♯60H
          CLR    P1.7          ;7290复位
          LCALL  DELAY
          SETB   P1.7
```

```
        SETB    EA              ;开 INT0 中断
        SETB    EX0
        SETB    IT0             ;触发极性为下降沿
;* * * * * * * * * * * * * * * * * * * * * * * * * * * * * * * *
;       建立变量缓冲区 （30H～37H）
;* * * * * * * * * * * * * * * * * * * * * * * * * * * * * * * *
        MOV     DATA_1,  ♯13H           ;变量缓冲区(显示 data＝)
        MOV     DATA_1+1,♯13H
        MOV     DATA_1+2,♯13H           ;变量取值范围 0～F
        MOV     DATA_1+3,♯12H
        MOV     DATA_1+4,♯10H
        MOV     DATA_1+5,♯11H
        MOV     DATA_1+6,♯10H
        MOV     DATA_1+7,♯0DH
;* * * * * * * * * * * * * * * * * * * * * * * * * * * * * * * *
;       通过查表建立显示缓冲区(20H～27H)
;* * * * * * * * * * * * * * * * * * * * * * * * * * * * * * * *
        MOV     DPTR,♯LEDSEG    ;开始对变量查表
        MOV     R7,♯DISCON      ;写入数据个数
        MOV     R0,♯DISDA       ;源数据块首地址
        MOV     R1,♯DATA_1
LOOP1：  MOV     A,@R1
        MOVC    A,@A＋DPTR      ;查表得对应的字形码
        MOV     @R0,A           ;送显示缓冲区
        INC     R1
        INC     R0
        DJNZ    R7,LOOP1
;* * * * * * * * * * * * * * * * * * * * * * * * * * * * * * * *
;   向 ZLG7290B 写入数据,以显示"data＝"
;* * * * * * * * * * * * * * * * * * * * * * * * * * * * * * * *
LOOP：   MOV     R7,♯DISCON
        MOV     R2,♯10H
        MOV     R3,♯WSLA
        MOV     R0,♯DISDA
        LCALL   WRNBYT          ;调显示子程序
        LCALL   DELAY           ;使显示稳定
        SJMP    LOOP
;* * * * * * * * * * * * * * * * * * * * * * * * * * * * * * * *
LEDSEG：DB  0FCH,60H,0DAH,0F2H,66H,0B6H,0BEH,0E4H      ;0～7 的字形码
        DB  0FEH,0F6H,0EEH,3EH,9CH,7AH,9EH,8EH          ;8～F 的字形码
        DB  0FAH,1EH,12H,00H                            ;a,t,＝和熄灭码
;* * * * * * * * * * * * * * * * * * * * * * * * * * * * * * * *
```

```
;    拆分程序(将 A 中的数据拆分为两个四位 16 进制数并查表)
;    结果在 R4、R3 中
;* * * * * * * * * * * * * * * * * * * * * * * * * * * * * *
CF:      PUSH   02H            ;将 A 中的数据拆分为两个四位 16 进制数并查表
         PUSH   DPH
         PUSH   DPL
         MOV    DPTR,#LEDSEG
         MOV    R2,A
         ANL    A,#0FH
         MOVC   A,@A+DPTR
         MOV    R3,A
         MOV    A,R2
         SWAP   A
         ANL    A,#0FH
         MOVC   A,@A+DPTR
         MOV    R4,A
         POP    DPL
         POP    DPH
         POP    02H
         RET
;* * * * * * * * * * * * * * * * * * * * * * * * * * * *
;中断服务程序 INT_7290:(INT0)
;* * * * * * * * * * * * * * * * * * * * * * * * * * * *
INT_7290:
         PUSH   00H
         PUSH   02H
         PUSH   03H
         PUSH   04H
         PUSH   07H
         PUSH   ACC
         PUSH   PSW
         MOV    R0,#28H        ;状态数据区首址
         MOV    R7,#04H        ;取状态数据个数
         MOV    R2,#00H        ;内部数据首地址
         MOV    R3,#WSLA       ;取器件地址(写)
         MOV    R4,#RSLA       ;取器件地址(读)
         LCALL  RDADD          ;读出 ZLG7290B 的 00H~03H 数据存于 28H~2BH
         NOP                   ;设定一个断点,以观察读出的 4 个数据
         MOV    A,29H          ;取键值
         LCALL  CF             ;拆分、查表
         MOV    20H,R3         ;送显示缓冲区(最低两位数码管)
         MOV    21H,R4
```

```
          POP    PSW
          POP    ACC
          POP    07H
          POP    04H
          POP    03H
          POP    02H
          POP    00H
          RETI
;*******************************************
DELAY：   PUSH   00H
          PUSH   01H
          MOV    R0,＃00H
DELAY1：  MOV    R1,＃00H
          DJNZ   R1,$
          DJNZ   R0,DELAY1
          POP    01H
          POP    00H
          RET
;*******************************************
;相关的 I²C 子程序(WRNBYT、RDADD 、WRBYT、STOP、CACK、STA)
;这里省略。参见 7.2.3 的内容
;*******************************************
          END
;*******************************************
```

读者可思考以下问题：

(1)利用键盘操作实现对 P1 端口的输出控制,使之产生不同的 LED 驱动效果(左移、右移或全闪);

(2)为每一个按键配一个按键音,不同的按键其音响的频率各不相同,以示区别(使用蜂鸣器)。

ZLG7290B 芯片的工作速度比较慢,所以需要对原有标准的 I²C 通讯子程序 RDBYT(一个字节的读操作子程序)加以修改,主要是在采样数据线 SDA 上的数据之前加一个大于 20 微秒的延时即可(详见 RDBYT 子程序清单)。另外,在主程序中当执行 LCALL WRNBYT 指令后需要加一个延时,以使 ZLG7290B 工作正常。

总之,凡是遇到对 ZLG7290B 芯片进行读操作时(即 RDBYT 子程序)加延时(大约 20 微秒)即可。具体方法如下：

```
RDBYT：MOV   R6,＃08H          ;接收一个字节子程序
RLP：  SETB  SDA
       SETB  SCL
;*******************************************
       NOP    ;产生大于 15 微秒的延时
       NOP    ;注意这是专门为 ZLG7290B 添加的 20 微秒延时部分
```

```
            NOP
            NOP
            NOP
            NOP
            NOP
            NOP
            NOP
            NOP
            NOP
            NOP
            NOP
            NOP
; * * * * * * * * * * * * * * * * * * * * * * * * * * * * * * * *
            MOV     C,SDA
            MOV     A,R2
            RLC     A
            MOV     R2,A
            CLR     SCL
            DJNZ    R6,RLP              出口参数
            RET
; * * * * * * * * * * * * * * * * * * * * * * * * * * * * * * * *
```

【采用 C 语言编写的参考程序】

```c
//################################################
#include "reg51.h"
#include "intrins.h"
#define  DELAY5US _nop_();_nop_();
sbit   SDA=P1^0;
sbit   SCL=P1^1;
sbit   P1_7=P1^7;
#define WSLA1 0x70
#define RSLA1 0x71
void STA(void);
void STOP(void);
void MACK(void);
void NMACK(void);
void CACK(void);
void WRBYT(unsigned char * p);
void RDBYT(unsigned char * p);
void WRNBYT(unsigned char * R3,unsigned char * R2,unsigned char * R0,unsigned char n);
void RDNBYT(unsigned char * R3,unsigned char * R4,unsigned char * R2,unsigned char * R0,
unsigned char n);
```

```
unsigned char xxyuan[8];
unsigned char code b[20]={0xfc,0x60,0xda,0xf2,0x66,0xb6,0xbe,0xe4,0xfe,0xf6,0xee,0x3e,
0x9c,0x7a,0x9e,0x8e,0xfa,0x1e,0x12,0x00};
void   DELAY();
void main()
{
    unsigned char n,i, * c, * y, * x,wai=0x10,WSLA=WSLA1;
    unsigned char a[8]={0x13,0x13,0x13,0x12,0x10,0x11,0x10,0x0d};
    for(i=0;i<8;i++)
    xxyuan[i]=b[a[i]];
    P1_7=0;
    DELAY();
    P1_7=1;
    EA=1;
    EX0=1;
    IT0=1;
    while(1)
    {
      x=&WSLA;
      c=&wai;
      y=xxyuan;
      n=8;
      WRNBYT(x,c,y,n);
      DELAY();
    }
}
void INT_7290() interrupt 0 using 0
{   unsigned char n=4,i,dyuan[4], * c, * y, * x, * d,wai=0x00,WSLA=WSLA1,
    RSLA=RSLA1;
    y=dyuan;
    c=&wai;
    x=&WSLA;
    d=&RSLA;
    RDNBYT(x,d,c,y,n);
    i=dyuan[1];
    i=i&0x0f;
    xxyuan[0]=b[i];
    i=dyuan[1]>>4;
    i=i&0x0f;
    xxyuan[1]=b[i];
}
void   DELAY()
```

```
{    unsigned char i,j;
     for(i=0;i<100;i++)
     for(j=0;j<100;j++);
}
//##################################
```

STA、STOP、CACK、RDBYT 、RDNBYT 、WRBYT、WRNBYT 7 个子函数照附录 3 的内容编写。

8.2.8　ZLG7290B 实验(三)：AD 转换的十进制显示实验

(1)实验目的

学习掌握 ZLG7290B 与 TCL549 组建数据采集系统的方法。

(2)实验要求

使用 AD 转换芯片 TLC549CP 对模拟电压进行数字转换,将转换的结果处理为 3 位的十进制数(000～255)并通过 ZLG7290B 进行显示。

(3)算法说明

* 20H 开始的单元:存放 N 个 TLC549CP 采集的数据;
* 40H～47H 显示缓冲区;
* 电路连接如图 8-19,主程序结构如图 8-20 所示,主函数流程图如图 8-21 所示。

(4)准备工作

分别复习有关 ZLG7290B 的数码显示原理、TLC549 编程原理,为系统设计做好准备。

(5)实验电路及连接(如图 8-19 所示)

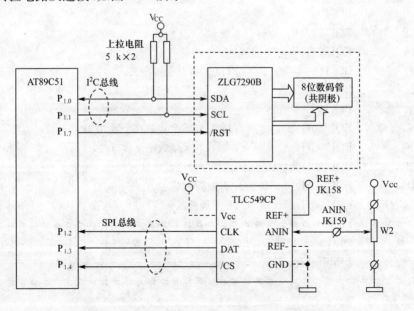

图 8-19　实验电路的连接 (实线部分需连接、虚线部分实验台上已连好)

图 8-20　主程序流程图

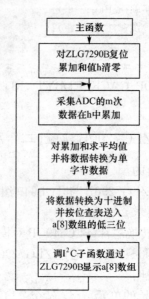

图 8-21　主函数流程图

（6）参考程序及流程图

```
;###################################################
;这是一个具有数据滤波功能的 ADC 转换程序
;使用 ZLG7290B 电路以十进制的形式显示 ADC 的结果
;###################################################
SDA         BIT P1.0            ;ZLG7290B 的引脚定义
SCL         BIT P1.1
WSLA        EQU 070H
RSLA        EQU 071H
DAT         BIT P1.3            ;TLC549CP 引脚定义
CLK         BIT P1.2
CS          BIT P1.4
CUNT        EQU 20H             ;每次 ADC 采集数据个数 32 次
SHIFT       EQU 05H             ;除数（与采集数据个数有关）
ADDR        EQU 20H             ;数据缓冲区首地址
DISDA       EQU 40H             ;显示缓冲区
DISCUNT     EQU 08H             ;显示缓冲区长度
;###################################################
            ORG    8000H
            LJMP   8100H

;###################################################
;主 程 序
;ZLG7290B 复位、显示缓冲区初始化、连续采集 N 个数据、数据滤波
;十进制调整/拆分/查表/送显示缓冲区，ZLG7290B 数码显示
```

```
;################################################
        ORG     8100H
START:  MOV     SP,#60H
        CLR     P1.7                    ;ZLG7290B 复位
        LCALL   DELAY
        SETB    P1.7

                                        ;显示缓冲区处理
                                        ;显示"adc＝"
        MOV     DISDA+7,#0EEH           ;a 字形
        MOV     DISDA+6,#7AH            ;d 字形
        MOV     DISDA+5,#1AH            ;c 字形
        MOV     DISDA+4,#00H            ;熄灭
        MOV     DISDA+3,#12H            ;"＝"
LOOP:   LCALL   TLC549                  ;采集 N 个 ADC 数据(20H 单元)
        LCALL   ADJUST                  ;数据滤波(屏蔽以观察滤波效果)
        LCALL   BCD_CONT                ;转换为十进制数
        MOV     R7,#DISCUNT
        MOV     R0,#DISDA
        MOV     R2,#10H
        MOV     R3,#WSLA
        LCALL   WRNBYT                  ;ZLG7290B 数字显示
        LCALL   DELAY
        SJMP    LOOP
;################################################
;各子程序
;################################################
TLC549: PUSH    00H                     ;连续采集 32 次数据
        PUSH    07H                     ;存放于 20H～3FH 中
        MOV     R7,#CUNT
        MOV     R0,#ADDR
LOOP2:  LCALL   TLC549_ADC
        MOV     @R0,A
        INC     R0
        DJNZ    R7,LOOP2
        POP     07H
        POP     00H
        RET
;#########################################
ADJUST: PUSH    00H                     ;将 20H 开始的 CUNT 个数据
        PUSH    02H                     ;求平均值
        PUSH    03H                     ;结果存于 A 中
        PUSH    07H
        MOV     R7,#CUNT
        MOV     R0,#ADDR
```

```
              CLR    A
              MOV    R2,A
LOOP3:        CLR    C                   ;累加得双字节:高位在 R2 中,低位在 A 中
              ADDC   A,@R0
              JNC    LOOP4
              INC    R2
LOOP4:        INC    R0
              DJNZ   R7,LOOP3
              MOV    R3,A                ;除以数据个数 CUNT
              MOV    A,R2                ;R2 为高位、R3 为低位
              MOV    R7,#SHIFT
LOOP5:        CLR    C                   ;连续移位 SHIFT 次,在 A 中得到最终数据
              MOV    A,R2
              RRC    A
              MOV    R2,A
              MOV    A,R3
              RRC    A
              MOV    R3,A
              DJNZ   R7,LOOP5
              POP    07H
              POP    03H
              POP    02H
              POP    00H
              RET
;##########################################
TLC549_ADC:
              PUSH   07H
              CLR    A
              CLR    CLK
              MOV    R7,#08H
              CLR    CS
LOOP1:        SETB   CLK
              NOP
              NOP
              NOP
              NOP
              MOV    C,DAT
              RLC    A
              CLR    CLK
              NOP
              NOP
              DJNZ   R7, LOOP1
              SETB   CS
              SETB   CLK
```

```
            POP     07H
            RET
;##########################################
BCD_CONT：
            PUSH    07H
            PUSH    06H
            PUSH    05H
            PUSH    02H
            MOV     B,#64H
            DIV     AB
            MOV     R7,A                    ;R7 中得百位数
            MOV     R2,B                    ;R2 中得余数
            MOV     A,R2
            MOV     B,#0AH
            DIV     AB
            MOV     R6,A                    ;R6 中得十位数
            MOV     R5,B                    ;R5 中得个位数
            MOV     A,R7
            LCALL   CF                      ;调拆分子程序(入口 A,出口 R4,R3 为字形码)
            MOV     DISDA+2,R3              ;高位 R4 无用
            MOV     A,R6
            LCALL   CF                      ;调拆分子程序(入口 A,出口 R4,R3 为字形码)
            MOV     DISDA+1,R3
            MOV     A,R5
            LCALL   CF                      ;调拆分子程序(入口 A,出口 R4,R3 为字形码)
            MOV     DISDA+0,R3
            POP     02H
            POP     05H
            POP     06H
            POP     07H
            RET
;##########################################
CF：        PUSH    02H                     ;将 A 中的数据拆分为两个独立的 BCD 码并查表
            PUSH    DPH
            PUSH    DPL
            MOV     DPTR,#LEDSEG
            MOV     R2,A
            ANL     A,#0FH
            MOVC    A,@A+DPTR
            MOV     R3,A
            MOV     A,R2
            SWAP    A
            ANL     A,#0FH
            MOVC    A,@A+DPTR
```

```
        MOV     R4,A
        POP     DPL
        POP     DPH
        POP     02H
        RET
;###############################################
DELAY： PUSH    00H
        PUSH    01H
        MOV     R0,#00H
DELAY1：MOV     R1,#01H
        DJNZ    R1,
        DJNZ    R0,DELAY1
        POP     01H
        POP     00H
        RET
LEDSEG：DB      0FCH,60H,0DAH,0F2H,66H,0B6H,0BEH,0E4H
        DB      0FEH,0F6H,0EEH,3EH,9CH,7AH,9EH,8EH
;###############################################
;相关的 I²C 子程序(WRNBYT、RDADD 、WRBYT、STOP、CACK、STA)
;这里省略,参见 8.2.3 的内容
;###############################################
        END
;###############################################
```

【采用 C 语言编写的参考程序】

```
;###############################################
;I²C 通讯子函数:STA、STOP、CACK、WRBYT 和 WRNBYT 参照附录 3
#include "reg51.h"
#include "intrins.h"
#define   DELAY5US   _nop_();_nop_();_nop_();_nop_();
sbit    SDA=P1^0;
sbit    SCL=P1^1;
sbit    DAT=P3^3;
sbit    CLK=P3^2;
sbit    CS=P3^4;
sbit    P1_7=P1^7;
#define WSLA1 0x70                // 宏定义:定义 I²C 接口的 ZLG7290B 芯片的写命令标识符
#define RSLA1 0x71
unsigned char TLC549_ADC();       // 定义带参数返回值的串行 TLC549_ADC 转换子函数
void STA(void);                   // 定义 I²C 通讯的 5 个子函数
void STOP(void);
void CACK(void);
void WRBYT(unsigned char * p);
void WRNBYT(unsigned char * R3,unsigned char * R2,unsigned char * R0,unsigned char n);
```

```
    unsigned char b[20]={0xfc,0x60,0xda,0xf2,0x66,0xb6,0xbe,0xe4,0xfe,0xf6,0xee,0x3e,
0x9c,0x7a,0x9e,0x8e,0xfa,0x1e,0x12,0x00};   //字符码表("0"~"F"、"d"、"c"、"="、" ")


    void  DELAY();
    void main()                       // 主函数
    {
        unsigned char   shu,n,*c,*y,*x,wai=0x10,WSLA=WSLA1;
        unsigned char   a[8]={0xfc,0xfc,0xfc,0x12,0x00,0x1a,0x7a,0xee};
        unsigned long int h=0,hh=0,i,m;
        P1_7=0;
        DELAY();
        P1_7=1;
        while(1)   // 无限循环
        {
            h=0;
            m=255;
            for(i=0;i<m;i++)   //m 次循环
            h+=(unsigned long int)TLC549_ADC();        //m 次累加于 h 中(强行转换数据类型)
            hh=h/m;   //求平均值
            shu=(unsigned char)hh;   //平均值转换为单字节数据并赋予 shu
            a[0]=shu%10;   //8 位二进制数据转换为 3 位十进制数据并按位查表
            a[0]=b[a[0]];   // a[0]为十进制数据的个位
            a[1]=shu%100;
            a[1]=a[1]/10;
            a[1]=b[a[1]];   // a[1]为十进制数据的十位
            a[2]=shu/100;
            a[2]=b[a[2]];   // a[2]为十进制数据的百位
            x=&WSLA;
            c=&wai;
            y=a;
            n=8;
            WRNBYT(x,c,y,n);   //调用 N 字节数据的 I²C 通讯子函数
            DELAY();
        }
    }
    unsigned char TLC549_ADC()   //ADC 转换子函数(返回值为单字节的无符号数)
    {  unsigned char i,temx;
        temx=0;
        CLK=0;
        CS=0;
        _nop_();
        for(i=0;i<8;i++)
        { CLK=1;
          DELAY5US
```

```
    if(DAT)
    temx++;
    if(i<7)
    temx=temx<<1;
    CLK=0;
    _nop_();_nop_();
    }
    CS=1;
    CLK=1;
    return(temx);
}


void   DELAY()
{   unsigned char i,j;
    for(i=0;i<255;i++)
    for(j=0;j<255;j++);
}
```

I^2C 通讯的 STA、STOP、CACK、WRBYT 和 WRNBYT 五个子函数请参照附录 3 的内容编写。

8.3   PCF8563T 低功耗时钟芯片简介

PCF8563T 是由 Philips 公司设计的低功耗 CMOS 实时时钟(RTC)日历芯片,具有 1.0 V~5.5 V 宽的工作电压范围、一个可编程的时钟输出、一个中断输出和掉电检测电路,与外部主控器之间通过 I^2C 总线连接,最大总线速度为 400 kHz。每次对其读写操作,内部的地址寄存器都会自动产生增量。

8.3.1   PCF8563T 的引脚即功能介绍

表 8-9 所示为 PCF8563T 的引脚功能定义:

表 8-9   PCF8563T 引脚功能定义

引脚序号	符 号	描 述
1	OSCI	振荡器输入
2	OSCO	振荡器输出
3	/INT	中断输出(低电平)开漏极结构
4	Vss	接地
5	SDA	串行数据线(双向)
6	SCL	串行时钟线(输入)
7	CLKOUT	时钟输出(开漏)
8	V_{DD}	正电源

8.3.2　PCF8563T 的基本结构与功能介绍

芯片可以单独采用电池供电,以保证系统掉电时,芯片得以继续工作,保证了 RTC 系统工作的连续性(图 8-22(a)至图 8-22(d)为芯片引脚、结构及供电电路图)。

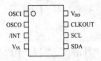

(a)PCF8563T 引脚图

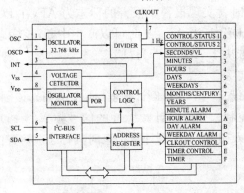

(b)PCF8563T 内部结构图

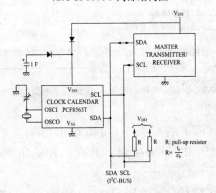

(c)由 Philips Semiconductors 提供的大电容掉电维持方案电路

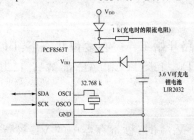

(d)采用 3.6 V 可充电锂电池的掉电维持工作方案电路

图 8-22　芯片引脚、结构及供电电路图

PCF8563T 内部具有 16 个 8 位的寄存器,一个可自动增量的地址寄存器,一个 32.768 kHz 的振荡器(具有集成的补偿电容),一个用于为实时时钟 RTC 提供时钟源的分频器,一个可编程的时钟输出电路,一个定时器,一个报警器,一个掉电检测电路和一个 400 kHz 的 I²C 总线接口(参见图 8-22(b))。

PCF8563T 的功能描述(如图 8-23、图 8-24 所示):

(1)报警功能模式

在 PCF8563T 内部设有"分钟"、"小时"、"日"和"星期"四个报警寄存器,可以实现这四种方式的报警。当寄存器中(最高位)对应的 AE=0 时,则 PCF8563T 实时时间与该寄存器中的设定值相等时就实现报警。报警的标志为 AF,在 PCF8563T 内部的"控制/状态寄存器 2(地址 01H)"中,当 AF=1 时可以产生中断,该标志必须软件清零。当然,AF 是否能引发中断还取决于 AIE 是否为"1";

(2)定时器功能模式

在 PCF8563T 内部设有一个 8 位倒计数器(地址 0FH),该倒计数器由定时器控制寄存器(地址:0EH)实现控制。如设定计数脉冲的信号频率(4 档)、设定计数器有效或无效。定时器通过软件装入初值,每次倒计数结束时其标志 TF 置位,如果 TIE=1,则引发中断。

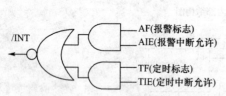 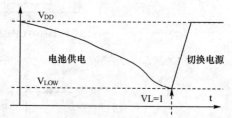

图 8-23　报警、定时引发 PCF8563T 中断的条件示意图　　图 8-24　电源监控电路对掉电时的中断处理示意图

(3)CLKOUT 输出功能

在 PCF8563T 的 CLKOUT 的引脚上,可以输出可编程的方波。其输出的频率由 CLKOUT 频率寄存器(地址:0DH)来决定。共有四种输出频率,分别是:32.768 kHz、1024 Hz、32 Hz、1 Hz。

CLKOUT 为漏极开路结构,上电默认有效且输出 32.768 kHz,无效时为高阻状态。

(4)复位功能

当振荡器停振时,复位电路开始工作。在复位状态下:I²C 总线初始化,内部寄存器中的相应位 TF、VL、TD1、TD0、TESTC 和 AE 都被置 1,其他寄存器和地址计数器清零。

(5)掉电检测监控功能

当 PCF8563T 的 V_{DD} 低于 V_{LOW} 时,秒寄存器中的 VL 被置 1(提示:电源过低,时间可能不准),此标志只能使用软件清除。在电池供电的场合下,当电池的电压低于 V_{LOW} 时,VL 标志可以引发中断,可通过中断服务程序使问题得到处理。

8.3.3　PCF8563T 的内部寄存器的介绍

在 PCF8563T 中共有 16 个 8 位的寄存器,按照其功能和存储数据的格式,可以分为二进制数据格式(主要指控制/状态类)寄存器和 BCD 码格式(主要指以 BCD 码的格式存储的时间参数)寄存器(如表 8-10 所示)。

表 8-10　　　　　　　　PCF8563T 内部寄存器一览表

地址	寄存器名称	格式	D7	D6	D5	D4	D3	D2	D1	D0
00H	控制状态寄存器 1	二进制	TEST1	0	STOP	0	TESTC	0	0	0
01H	控制状态寄存器 2			0	0	TI/TP	AF	TF	AIE	TIE
02H	秒单元寄存器	BCD 码	VL	00～59 的 BCD 码						
03H	分单元寄存器			00～59 的 BCD 码						
04H	小时单元寄存器				00～23 的 BCD 码					
05H	日单元寄存器				01～31 的 BCD 码					
06H	星期单元寄存器							0～6		
07H	月/世纪单元寄存器				01～12 的 BCD 码					
08H	年单元寄存器			00～99 的 BCD 码						
09H	分钟报警寄存器		AE	00～59 的 BCD 码						
0AH	小时报警寄存器		AE	00～23 的 BCD 码						
0BH	日报警寄存器		AE	01～31 的 BCD 码						
0CH	星期报警寄存器		0～6							
0DH	CLKOUT 输出寄存器		FE						FD1	FD0
0EH	定时器控制寄存器	二进制	TE						TD1	TD0
0FH	倒计数定时器		二进制倒计数定时器的初值							

(1)控制/状态寄存器 1 的描述如表 8-11 所示(地址 00H)

表 8-11　　　　　　　　控制/状态寄存器 1

地址	寄存器名称	格式	D7	D6	D5	D4	D3	D2	D1	D0
00H	控制/状态寄存器 1	二进制	TEST1	0	STOP	0	TESTC	0	0	0

• TEST1＝0 时为普通模式,TEST1＝1 时为 EXT_CLK 测试模式;

• STOP＝0 时芯片时钟运行,STOP＝1 时芯片时钟停止运行(CLKOUT 在 32.768 kHz时可用);

• TESTC＝0 时电源复位功能失效(普通模式所采用),TESTC＝1 时电源复位功能有效。

(2)控制/状态寄存器 2 的描述如表 8-12 所示(地址 01H)

表 8-12　　　　　　　　控制/状态寄存器 2

地址	寄存器名称	格式	D7	D6	D5	D4	D3	D2	D1	D0
01H	控制/状态寄存器 2	二进制		0	0	TI/TP	AF	TF	AIE	TIE

• TI/TP:TI/TP＝0 时,当 TF＝1 时(且 TIE＝1)INT 有效。TI/TP＝1 时,当 TF＝1时(且 TIE＝1)INT 按照规律(详见后续内容)输出一个负脉冲,其宽度由定时器的计数脉冲来决定。注意:若 AF、AIE 均有效,INT 一直有效(参见图 8-23);

• AF:发生报警时的标志。当实时时钟与某一报警寄存器内容相符合时,AF＝1,如果 AIE＝1 则可引发中断。AF 只可用软件清零;

• TF:定时器定时时间到标志。当定时计数器完成倒计数(回零)时,TF=1。如果 TIE=1 则可引发中断。TF 只能使用软件清零;

🐿️ **注意** AF、TF 为两个中断标志位。可通过对"控制/状态寄存器 2"的读操作了解其状态,如果需要清除某一标志,要使用逻辑 AND 操作实现,即清除某一位时不能对其他的位重新赋值。

• AIE、TIE:控制着报警、定时是否能够引发中断的"中断允许位",其值为 1 时允许,其值为 0 时不允许,其逻辑关系参见图 8-23。

(3)秒寄存器的描述如表 8-13 所示

表 8-13　　　　　　　　秒寄存器

地 址	寄存器名称	格 式	D7	D6~D0
02H	秒单元寄存器	BCD 码	VL	00~59 的 BCD 码

• VL:一个标志信号,当发生掉电时(V_{DD} 小于等于 V_{LOW} 时),VL=1,表明系统的时钟参数可能不准确,VL=0 时表明一切正常,时钟准确。

(4)月/世纪寄存器的描述如表 8-14 所示

表 8-14　　　　　　　　月/世纪寄存器

地 址	寄存器名称	格 式	D7	D6	D5	D4~D0
07H	月/世纪单元寄存器	BCD 码	C			01~12 的 BCD 码

• C:世纪位。C=0 时,指定世纪数为 20××;C=1 时则表明指定世纪为 19××。在正常计数时,只要年寄存器的时间由 99 变为 00 时,其世纪位会自动变化。

(5)分钟报警寄存器的描述如表 8-15 所示

表 8-15　　　　　　　　分钟报警寄存器

地 址	寄存器名称	格 式	D7	D6~D0
09H	分钟报警寄存器	BCD 码	AE	00~59 的 BCD 码

• AE:分钟报警有效控制位。AE=0 时报警有效,AE=1 时报警无效。

🐿️ **注意** 小时、日、星期的报警控制 AE 定义类同。

(6)CLKOUT 频率寄存器描述如表 8-16 所示

表 8-16　　　　　　　　CLKOUT 频率寄存器

地 址	寄存器名称	格 式	D7	D6	D5	D4	D3	D2	D1	D0
0DH	CLKOUT 输出寄存器	二进制	FE						FD1	FD0

• FE:时钟输出控制位。FE=0 输出被禁止,引脚为高阻状态,FE=1 输出允许;
• 输出方波的频率选择控制位如表 8-17 所示。

表 8-17　　　　　　输出方波的频率选择控制位

FD1	FD0	f_{CLKOUT}/ Hz
0	0	32768
0	1	1024
1	0	32
1	1	1

（7）定时控制寄存器的描述如表 8-18 所示

表 8-18　　　　　　　　　　　　　定时控制寄存器

地址	寄存器名称	格式	D7	D6	D5	D4	D3	D2	D1	D0
0EH	定时控制寄存器	二进制	TE						TD1	TD0

• TE：定时器有效控制位。TE＝0 时定时器无效（被关闭），TE＝1 时定时器有效（工作）；

• TD1、TD0：定时器计数脉冲频率定义位，它决定了定时器周期的大小。

8.3.4　PCF8563T 的实验与编程

（1）实验目的

学习掌握 PCF8563T 的工作原理及编程方法。

（2）实验要求

使用 PCF8563T 实时时钟芯片与 ZLG7290B 显示电路结合起来，构成一个电子万年历，起始时间通过程序的初始化给定。使用一个按钮开关 KEY1，不按下 KEY1 时显示"时、分、秒"，按下 KEY1 时改为显示"年、月、日"。KEY1 与单片机的 $P_{1.2}$ 连接。

（3）算法说明

• 10H～1DH：向 PCF8563T 输入的相关参数（有时间参数、控制字等）的数据块；

• 20H～26H：从 PCF8563T 中读出的时间参数（秒、分、小时、日、星期、月、年）。

通过 CHAIFEN（拆分）子程序将 20H～26H 中获取到的时间参数拆分查表并送入下列缓冲区：

• 28H～2FH：年（四个单元）、月（两个单元）、日（两个单元）的显示缓冲区（字形码）；

• 38H～3FH：小时、分钟和秒（各占两单元）的显示缓冲区（字形码）。

主程序的功能就是将 10H～1DH 中的一组特定的时间和控制命令送到 PCF8563T 的对应寄存器中，然后等待中断。由于 PCF8563T 的 CLKOUT 设定为输出频率为 1 Hz，并将其 CLKOUT 输出与单片机的 INT0 相连接，所以每一秒钟在 CLKOUT 为下降沿时便会引发中断。在中断服务程序中读取时间参数，并进行拆分查表等操作，将年、月、日送 28H～2FH 缓冲区，将小时、分、秒送 38H～3FH 显示缓冲区。最后根据 $P_{1.2}$ 的电平决定将哪个缓冲区的内容送 ZLG7290B 进行显示。

（4）准备工作

预习 PCF8563T 芯片的内部结构及编程方法，了解芯片引脚信号 CLKOUT 在电路中的作用。

（5）实验电路及连接（如图 8-25 所示）

（6）实验参考程序及流程图（参考图 8-26 和 8-27）

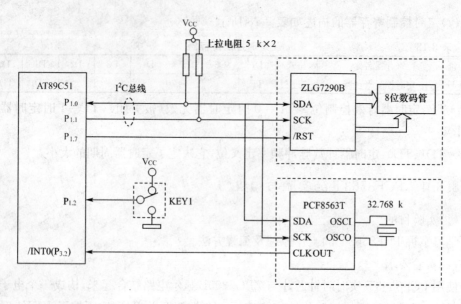

图 8-25   实验电路的连接

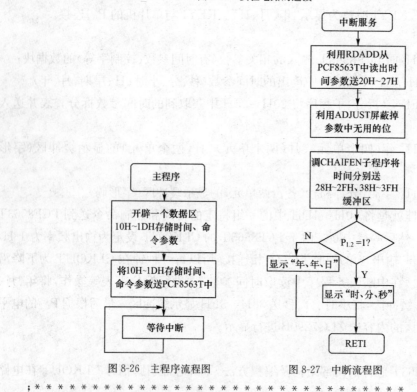

图 8-26   主程序流程图   图 8-27   中断流程图

;* *
;利用 PCF8563T 芯片来显示时间的程序
;转换显示(P$_{1.2}$ 与 KEY1 连接:按下 KEY1 显示"年、月、日",平时显示"时、分、秒")
;设定时钟芯片 CLKOUT 输出秒脉冲且与 P$_{3.2}$ 连接
;采用中断的方式来显示时间(每秒钟刷新一次显示)
;程序使用 ZLG7290B 芯片来显示时间

; ZLG7290B 芯片的 RST_L 复位端与 P₁.₇ 口连接,以便复位操作

;* *

```
SDA          BIT    P₁.₀              ;定义 I²C 信号引脚
SCL          BIT    P₁.₁
WSLA_8563    EQU    0A2H              ;PCF8563T 口地址
RSLA_8563    EQU    0A3H
WSLA_7290    EQU    70H               ;ZLG7290B 口地址
RSLA_7290    EQU    71H
             ORG    8000H
             LJMP   8100H
             ORG    8003H
             LJMP   INT_RCT
             ORG    8100H
START:       MOV    SP,#60H
             CLR    P₁.₇              ;ZLG7290B 复位
             LCALL  DELAY
             SETB   P₁.₇
```

;* *
;设定 PCF8563T 的时间和命令参数(参数和控制命令缓冲区 10H~1DH)
;* *

```
             MOV    10H,#00H          ;启动控制字
             MOV    11H,#1FH          ;设置报警及定时器中断
             MOV    12H,#20H          ;秒单元
             MOV    13H,#03H          ;分单元
             MOV    14H,#10H          ;小时单元
             MOV    15H,#30H          ;日期单元
             MOV    16H,#03H          ;星期单元
             MOV    17H,#01H          ;月单元
             MOV    18H,#08H          ;年单元
             MOV    19H,#00H          ;设定分报警
             MOV    1AH,#00H          ;设定小时报警
             MOV    1BH,#00H          ;设定日报警
             MOV    1CH,#00H          ;设定星期报警
             MOV    1DH,#83H          ;设定 CLKOUT 的频率(1 s)
```

;* *

```
             MOV    R7,#0EH           ;写入参数个数(时间和控制字)
             MOV    R0,#10H           ;参数和控制命令缓冲区首地址
             MOV    R2,#00H           ;从器件内部从地址
             MOV    R3,#WSLA_8563     ;准备向 PCF8563T 写入数据串
             LCALL  WRNBYT            ;写入时间、控制命令到 PCF8563T
             SETB   EA
             SETB   EX0
```

```
              SETB   IT0
              SJMP   $                      ;等待中断
;* * * * * * * * * * * * * * * * * * * * * * * * * * * * * * *
;   中断服务子程序
;* * * * * * * * * * * * * * * * * * * * * * * * * * * * * * *
INT_RCT:      MOV    R7,#07H               ;读出数个数
              MOV    R0,#20H               ;目标数据块首地址
              MOV    R2,#02H               ;从器件内部从地址
              MOV    R3,#WSLA_8563
              MOV    R4,#RSLA_8563         ;准备读 PCF8563T 的时间参数
              LCALL  RDADD                 ;调读数据子程序,将读出的数据
                                           ;存放于单片机 20H~26H 中
              LCALL  ADJUST                ;调时间调整子程序
              LCALL  CHAIFEN               ;调拆分子程序(包含查表)
                                           ;将 20H~26H 中的参数分别存于
                                           ;28H~2FH、38H~3FH 单元
              MOV    R7,#08H
              MOV    R2,#10H
              MOV    R3,#WSLA_7290
              JNB    P₁.₂,YEARS            ;使用 P₁.₂控制显示内容
              MOV    R0,#38H               ;显示小时、分钟和秒
              SJMP   DISP
YEARS:        MOV    R0,#28H               ;显示年、月和日期
DISP:         LCALL  WRNBYT                ;调 ZLG7290B 显示
              JNB    P₃.₂,$
              RETI
;* * * * * * * * * * * * * * * * * * * * * * * * * * * * * * *
;   各子程序
;* * * * * * * * * * * * * * * * * * * * * * * * * * * * * * *
              ORG    8300H
CHAIFEN:      PUSH   PSW                   ;对 20H~26H 单元的参数拆分并在
              PUSH   ACC                   ;查表后送 28H~2FH(年、月、日)
              PUSH   03H                   ;和 38H~3FH (时、分、秒)
              PUSH   04H
              MOV    A,20H                 ;取秒参数
              LCALL  CF                    ;拆分、查表在 R4(H)、R3 中
              MOV    38H,R3                ;送秒的个位
              MOV    39H,R4                ;送秒的十位
              MOV    3AH,#02H              ;送分隔符"一"
              MOV    A,21H                 ;取分的参数
              LCALL  CF                    ;拆分、查表在 R4(H)、R3 中
              MOV    3BH,R3                ;送分的个位
```

```
        MOV    3CH,R4              ;送分的十位
        MOV    3DH,#02H            ;送分隔符"一"

        MOV    A,22H               ;取小时参数
        LCALL  CF                  ;拆分、查表在 R4(H)、R3 中
        MOV    3EH,R3              ;送小时的个位
        MOV    3FH,R4              ;送小时的十位

        MOV    A,23H               ;取日期参数
        LCALL  CF
        MOV    A,R3
        ORL    A,#01H
        MOV    R3,A
        MOV    28H,R3
        MOV    29H,R4

        MOV    A,25H               ;取月参数
        LCALL  CF
        MOV    A,R3
        ORL    A,#01H
        MOV    R3,A
        MOV    2AH,R3
        MOV    2BH,R4

        MOV    A,26H               ;取年参数
        LCALL  CF
        MOV    A,R3
        ORL    A,#01H
        MOV    R3,A
        MOV    2CH,R3
        MOV    2DH,R4
        MOV    2EH,#0FCH           ;年的高两位处理
        MOV    2FH,#0DAH
        POP    04H
        POP    03H
        POP    ACC
        POP    PSW
        RET
;* * * * * * * * * * * * * * * * * * * * * * * * * * * * * * * *
CF:     PUSH   02H                 ;将 A 中的数据拆分为两个独立的
        PUSH   DPH                 ; BCD 码并查表
        PUSH   DPL                 ;结果分别存于 R4、R3 中
```

```
        MOV    DPTR,#LEDSEG
        MOV    R2,A
        ANL    A,#0FH
        MOVC   A,@A+DPTR
        MOV    R3,A
        MOV    A,R2
        SWAP   A
        ANL    A,#0FH
        MOVC   A,@A+DPTR
        MOV    R4,A
        POP    DPL
        POP    DPH
        POP    02H
        RET
;* * * * * * * * * * * * * * * * * * * * * * * * * * * * * *
LEDSEG:  DB    0FCH,60H,0DAH,0F2H,66H,0B6H,0BEH,0E4H
         DB    0FEH,0F6H,0EEH,3EH,9CH,7AH,9EH,8EH
;* * * * * * * * * * * * * * * * * * * * * * * * * * * * * *
;将 20H～26H 中从 PCF8563T 中读出的 7 个字节参数的无关位屏蔽掉
;* * * * * * * * * * * * * * * * * * * * * * * * * * * * * *
ADJUST:  PUSH  ACC
         MOV   A,20H          ;处理秒单元
         ANL   A,#7FH
         MOV   20H,A
         MOV   A,21H          ;处理分单元
         ANL   A,#7FH
         MOV   21H,A
         MOV   A,22H          ;处理小时单元
         ANL   A,#3FH
         MOV   22H,A
         MOV   A,23H          ;处理日期单元
         ANL   A,#3FH
         MOV   23H,A
         MOV   A,24H          ;处理星期单元
         ANL   A,#07H
         MOV   24H,A
         MOV   A,25H          ;处理月单元
         ANL   A,#1FH
         MOV   25H,A
         POP   ACC
         RET

;* * * * * * * * * * * * * * * * * * * * * * * * * * * * * *
```

```
;延时子程序
;＊＊＊＊＊＊＊＊＊＊＊＊＊＊＊＊＊＊＊＊＊＊
DELAY:      PUSH   00H
            PUSH   01H
            MOV    R0,#00H
DELAY1:     MOV    R1,#00H
            DJNZ   R1,$
            DJNZ   R0,DELAY1
            POP    01H
            POP    00H
            RET
;＊＊＊＊＊＊＊＊＊＊＊＊＊＊＊＊＊＊＊＊＊＊
;相关的 I²C 子程序(WRNBYT、RDADD 、WRBYT、STOP、CACK、STA)这里省略。
;＊＊＊＊＊＊＊＊＊＊＊＊＊＊＊＊＊＊＊＊＊＊
      END
;＊＊＊＊＊＊＊＊＊＊＊＊＊＊＊＊＊＊＊＊＊＊
```

　　(1)利用 I²C 器件内部地址寄存器具有自动增量的特点,每一次"读"或"写"最好一次性连续进行(尽管中间某些数据无用);

　　(2)为了配合对器件的连续读或写的操作,往往需要在单片机内部开辟若干个数据块,如"命令、数据"数据块、"显示缓冲"数据块等;

　　(3)为了简化程序的结构,将所有的 I²C 标准信号和操作都定义为通用的子程序,需要时调用即可;

　　(4)通用的子程序有"多字节数据写入子程序"和"多字节读数据子程序"两个,而子程序中还调用了"启动信号"、"停止信号"、"应答信号"和"8 位数据写"、"8 位数据读"等子程序。

```
//＊＊＊＊＊＊＊＊＊＊＊＊＊＊＊＊＊＊＊＊＊＊＊＊＊＊
```

【C 语言参考程序】

```c
//＊＊＊＊＊＊＊＊＊＊＊＊＊＊＊＊＊＊＊＊＊＊＊＊＊＊
#include "reg51.h"
#include "intrins.h"
#define   DELAY5US   _nop_();
sbit   SDA=P1^0;
sbit   SCL=P1^1;
sbit   P1_2=P1^2;
sbit   P3_2=P3^2;
sbit   P1_7=P1^7;
#define WSLA1_8563 0xa2
#define RSLA1_8563 0xa3
#define WSLA1_7290 0x70
#define RSLA1_7290 0x71
void STA(void);
```

```
        void STOP(void);
        void MACK(void);
        void NMACK(void);
        void CACK(void);
        void WRBYT(unsigned char * p);
        void RDBYT(unsigned char * p);
        void WRNBYT(unsigned char * R3,unsigned char * R2,unsigned char * R0,unsigned char n);
        void RDNBYT(unsigned char * R3,unsigned char * R4,unsigned char * R2,unsigned char * R0,
unsigned char n);
        void READ_8563(void);
        void ADJUST(unsigned char * ch);
        void CHAIFEN(unsigned char * dh);
        void CFEN(unsigned char mm);
        void     DELAY();
        unsigned char code b[20]={0xfc,0x60,0xda,0xf2,0x66,0xb6,0xbe,0xe4,0xfe,0xf6,0xee,0x3e,
0x9c,0x7a,0x9e,0x8e,0xfa,0x1e,0x12,0x00};
        unsigned char  chushihua[14]={0x00,0x1f,0x20,0x03,0x10,0x30,0x03,0x01,0x08,0x00,
0x00,0x00,0x00,0x83};
        unsigned char  WSLA_8563=WSLA1_8563,RSLA_8563=RSLA1_8563,WSLA_7290=WSLA1_7290,
RSLA_7290=RSLA1_7290;
        unsigned char  tt[7];
        unsigned char  shijian[8];
        unsigned char  ml,mh,rili[8];
//＃＃＃＃＃＃＃＃＃＃＃＃＃＃    数组定义：＃＃＃＃＃＃＃＃＃＃＃＃＃＃＃＃
// chushihua[14]：8563 的初始化参数(控制字 1、控制字 2、秒、分、小时、日、星期、月、年和
// CLKOUT 分频系数)
// b[20]：查表用的数组。0～F、a、t、=、熄灭码
// tt[7]：从 8563 中读出的数据缓冲区(秒、分、小时、日、星期、月、年参数)
// shijian[8]：显示时间参数的缓冲区(字形码)
// rili[8]：显示年、月、日参数的缓冲区(字形码)
// ＃＃＃＃＃＃＃＃＃＃＃＃＃＃＃＃＃＃＃＃＃＃＃＃＃＃＃＃＃＃＃＃＃＃＃＃
void main()     //主函数
{
        unsigned char  n, * c, * y, * x,wai=0x00;
        P1_7=0;                     //ZLG7290B 复位
        DELAY();
        P1_7=1;
                                    // 入口参数
        n=0x0e;                     // n:写入字节数(15)
        x=&WSLA_8563;               // x:PCF8563T 的写命令
        c=&wai;                     // c:PCF8563T 内部首地址(00H)
        y=chushihua;                // y:待写入的数据块首地址
```

```
    WRNBYT(x,c,y,n);                 // 向 PCF8563T 写入命令和时间参数(15 个)
    EA=1;                            // 开中断、下降沿触发
    EX0=1;
    IT0=1;
    while(1);                        // 等待 int0 中断
}
void INT_RCT() interrupt 0 using 0
{   unsigned char   n,*c,*y,*x,wai=0x10;
    READ_8563();                     //从 PCF8563T 中读取 7 个时间参数于 tt[7]中
    ADJUST(tt);                      //屏蔽参数中无关的位
    CHAIFEN(tt);                     //将压缩的时间参数 BCD 码拆分、查表
                                     //送 shijian [8]和 rili[8]显示缓冲区
    n=8;                             // n:写入字节数(8)
    c=&wai;                          // c:ZLG7290B 的内部首地址(10H)
    x=&WSLA_7290;                    // x:ZLG7290B 的写命令
    if(P1_2)                         // p₁.₂=1 时,显示时间
    y=shijian;                       // y:待写入的数据块 shijian [8]首地址
    else                             // p₁.₂=0 时,显示日期
    y=rili;                          // y:待写入的数据块 rili [8]首地址
    WRNBYT(x,c,y,n);                 // 通过 ZLG7290B 显示
}

void READ_8563(void)                 //PCF 读 PCF8563T 时间数据子函数(7 个数据)
{   unsigned char   wai=0x02,n=0x07,*c,*x,*d,*y;
    c=&wai;                          // c:PCF8563T 内部首地址(02H)
    x=&WSLA_8563;                    // x:PCF8563T 的写命令
    d=&RSLA_8563;                    // d:PCF8563T 的读命令
    y=tt;                            // y:待写入的数据块首地址
    RDNBYT(x,d,c,y,n);               // 从 PCF8563T 中读秒、分、小时等数据
}
void ADJUST(unsigned char  *ch)      //将读出的参数无用位进行处理
{   *(ch+0)=*(ch+0)&0x7f;            //秒参数处理
    *(ch+1)=*(ch+1)&0x7f;            //分参数处理
    *(ch+2)=*(ch+2)&0x3f;            //小时参数处理
    *(ch+3)=*(ch+3)&0x3f;            //日期参数处理
    *(ch+5)=*(ch+5)&0x1f;            //月份参数处理
    *(ch+6)=*(ch+6)&0xff;            //年参数处理
}
void CHAIFEN(unsigned char *dh)      //将 dh 数组(6 个元素)拆分成两组各六个 BCD 码、查表
{   CFEN(*dh);                       //并分别送 shijian (小时、分、秒)和 rili(年、月、日)
    shijian[0]=ml;
    shijian[1]=mh;
    shijian[2]=0x02;
```

```
        CFEN( * (dh+1));
        shijian[3]=ml;
        shijian[4]=mh;
        shijian[5]=0x02;
        CFEN( * (dh+2));
        shijian[6]=ml;
        shijian[7]=mh;
        CFEN( * (dh+3));
        rili[0]=ml|0x01;
        rili[1]=mh;
        CFEN( * (dh+5));
        rili[2]=ml|0x01;
        rili[3]=mh;
        CFEN( * (dh+6));
        rili[4]=ml|0x01;
        rili[5]=mh;
        rili[6]=0xfc;
        rili[7]=0xda;
    }
    void CFEN(unsigned char mm)        //将压缩 BCD 码进行拆分成为两个独立的 BCD 码 ml、mh
    {
        ml=mm&0x0f;
        ml=b[ml];
        mm=mm>>4;
        mh=b[mm];
    }
    void DELAY()
    {   unsigned char i,j;
        for(i=0;i<100;i++)
        for(j=0;j<100;j++);
    }
// * * * * * * * * * * * * * * * * * * * * * * * * * * * * * * * * * *
//相关的 I²C 子函数(WRNBYT、RDNBYT 、WRBYT、STOP、CACK、STA 等)这里省略,参见附录 2
// * * * * * * * * * * * * * * * * * * * * * * * * * * * * * * * * * *
```

第 **9** 章

ZY12864D 液晶模块编程

 知识导入

ZY12864D点阵 LCD 显示屏目前流行两种类型:

• 无硬件字库型。优点是价格低廉,缺点是编程工作量大,且软字库会大量地占用单片机的存储资源(ROM);

• 有硬件字库型。优点是编程方便、节省单片机的存储空间。该模块的数据线往往采用并行/串行两种可选方式,以节省端口资源。该类芯片的价格要高出无字库型的显示模块。这类显示模块比较典型的驱动控制芯片为 ST7920,读者可以参阅参考资料[8]中的描述。

由于受到实验设备的限制,本实验系统采用的是无硬件字库型显示屏,其位置在DP-51PROC实验台的 B3 区上,它可以实现三种模式的显示效果:

(1)由 8×8(8 行×8 列,以下类同)点阵构成的字符(数字、字母)显示;

(2)由 16×16 点阵组成的汉字显示;

(3)可以实现任意的点阵图形显示。

上述三种显示模式还可以同时综合运用,达到所需要的图文兼备的效果。显示的所有字符采用软件字库的方式,通过查表操作实现。

显示系统具有显示控制逻辑、内部电压转换电路、照明驱动电路等,使模块使用方便、编程简单。模块的主要参数如下:

• 电源:一组+5 V 的输入电压 V_{DD},内部自带−10 V 的电压转换电路,用于 LCD 的驱动;

• 显示规格:全屏点阵,128(列)×64(行)点阵;

• 七条控制命令字;

• 接口规格:采用 8 位并行数据接口和 8 条控制线;

• 工作温度:−10℃ ～+50℃;

• 存储温度:−20℃ ～+70℃。

9.1 ZY12864D 液晶模块内部结构框图

ZY12864D 液晶模块内部结构框图如图 9-1 所示。

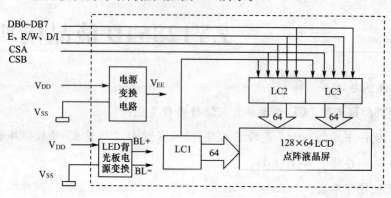

图 9-1 ZY12864D 液晶模块内部结构框图

9.2 ZY12864D 液晶模块外部引脚定义

ZY12864D 液晶模块的外部引脚定义如表 9-1 所示。

表 9-1   ZY12864D 液晶模块外部引脚定义

引脚	名称	电平	功能描述
1	V_{SS}	0 V	电源地
2	V_{DD}	+5 V	正电源(+5 V)
3	Vadj	0～+5 V	对比度调节
4	D/I	H/L	数据/指令定义位。表明数据线上的数据类型,D/I=1 表明 DB0～DB7 为数据;D/I=0 表明 DB0～DB7 为指令。
5	R/W	H/L	读写控制输入位。值为 1 为读操作;值为 0 为写操作。
6	E	H/L	使能信号
7	DB0	H/L	
8	DB1	H/L	
9	DB2	H/L	
10	DB3	H/L	
11	DB4	H/L	双向并行数据总线
12	DB5	H/L	
13	DB6	H/L	
14	DB7	H/L	
15	CSA	H/L	半屏选择控制输入,高电平有效: CSA、CSB=10:选择左半屏; CSA、CSB=01:选择右半屏。

（续表）

引　脚	名　称	电　平	功　能　描　述
16	CSB	H/L	
17	/RES	H/L	复位输入信号,低电平复位
18	V_{EE}	−10V	LCD驱动负电压(空脚,内部产生 V_{EE})
19	BL+	AC	EL 背光板电源(+5 V 输入,内部产生交流 AC)
20	BL−	AC	EL 背光板电源(接地)

※注:引脚序号是按照 DP-51PROC 实验台的正常摆放位置,自右向左排列。

9.3　以 ZY12864D 为核心的显示系统接口框图

在 DP-51PROC 实验台上,ZY12864D 模块与单片机的接口是采用传统的三总线结构连接(图 9-2)。具体细节如下:

- ZY12864D 显示系统的电源(V_{DD}、V_{SS})均已接好;
- 模块的数据线 DB7～DB0 均已与三总线中的数据线(P0 口)按顺序连接;
- /RD、/WR 均已与控制总线对应的/RD($P_{3.7}$)、/WR($P_{3.6}$)引脚连接;
- A0、A1、A2、RST、/CS 线需要使用连接线与单片机的口线连接;
- 由门电路构成的组合电路分别由实验台上的 74HC00、74HC04 构成。

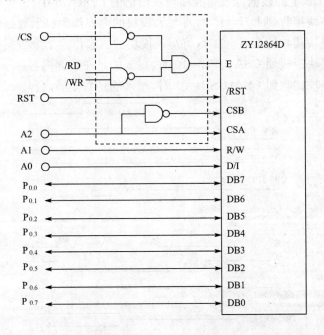

图 9-2　DP-51PROC 实验台 ZY12864D 显示系统结构、接口框图

9.4   ZY12864D 显示模块的工作时序

9.4.1   读时序

ZY12864D 显示模块的"读操作"工作时序如图 9-3 所示。

• 当 LCD 模块接收的 R/W＝1 时，执行读操作。在 E 信号为高电平期间，液晶模块将 DDRAM 单元的数据送到 DB7～DB0 上等待单片机读取；

• 当液晶模块接收到 D/I＝1 时，模块送出的是显示数据；

• 当液晶模块接收到 D/I＝0 时，模块送出的是指令数据；

• 当液晶模块接收到 CSA、CSB＝10 时，送出的是左半屏内容；

• 当液晶模块接收到 CSA、CSB＝01 时，送出的是右半屏内容。

9.4.2   写时序

ZY12864D 显示模块的"写操作"工作时序如图 9-4 所示。

• 当 R/W＝0 时，系统处于写操作模式。单片机发出的数据通过 DB 总线写到模块的 DDRAM 中；

• 在这种模式下，必须先将要写入的数据事先送到 DB 总线上，然后在 E 使能信号的下降沿，模块将 DB 上的数据写入到液晶模块内部的 DDRAM 中；

• 当液晶模块接收到 D/I＝1 时，将写入模块的内容作为显示数据处理；

• 当液晶模块接收到 D/I＝0 时，将写入模块的内容作为指令数据处理；

• 当液晶模块接收到 CSA、CSB＝10 时，写入的是左半屏内容；

• 当液晶模块接收到 CSA、CSB＝01 时，写入的是右半屏内容。

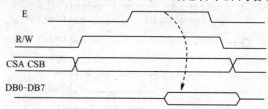

图 9-3   ZY12864D 显示模块的"读操作"工作时序

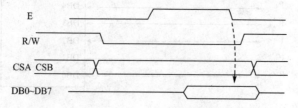

图 9-4   ZY12864D 显示模块的"写操作"工作时序

9.5　ZY12864D 显示模块的命令

　　ZY12864D 显示模块的各种操作是通过各种命令实现的。这些命令包括：显示模块的显示开关控制、设置显示起始行、设定页地址、读模块的状态信息、写入显示数据和读出显示数据等。

9.5.1　显示开关控制命令

如表 9-2 所示

D＝1 为开显示，对应的指令为 3FH（R/W＝0、D/I＝0）；

D＝0 为关显示，对应的指令为 3EH（R/W＝0、D/I＝0）。

表 9-2　　　　　　　　　　　　显示开关控制命令

R/W	D/I	DB7	DB6	DB5	DB4	DB3	DB2	DB1	DB0
0	0	0	0	1	1	1	1	1	D

🐾 注意

- 3EH 为关显示，3FH 为开显示；
- 在驱动左、右半屏编程时，都要分别使用该命令进行开显示。

9.5.2　设置显示起始行（用于确定屏幕上第一行显示的内容）命令

如表 9-3 所示

　　为 Z 地址计数器赋初值。A5～A0 这 6 位地址自动送入 Z 计数器，屏幕第一行显示的内容就是 Z 计数器中的 DDRAM 地址（存储显示像素的空间）中对应的数据，可以是 0～63 行中的任意一行。

表 9-3　　　　　　　　　　　　设置显示起始行命令

R/W	D/I	DB7	DB6	DB5	DB4	DB3	DB2	DB1	DB0
0	0	1	1	A5	A4	A3	A2	A1	A0

【举例】　若 A5～A0 是 62，则屏幕的第一行是 DDRAM 的 62 行中的内容。

DDRAM 行：62　63　0　1　2　3　……　60　61

LCD 屏幕行：1　2　3　4　5　6　……　63　64

9.5.3　设置 X（页）地址命令

如表 9-4 所示

　　所谓页地址就是 DDRAM 的行地址 X。将 64 行分为 8 页，每页为 8 行。页地址由该指令中的 A2～A0 来设定。有效范围是 B8H（第 0 页）～BFH（第 7 页）。

　　当模块被复位后，页地址为 0 页（A2～A0＝000）。

表 9-4　　　　　　　　　　　　设置页地址命令

R/W	D/I	DB7	DB6	DB5	DB4	DB3	DB2	DB1	DB0
0	0	1	0	1	1	1	A2	A1	A0

9.5.4 设置 Y(列)地址命令

如表 9-5 所示：

将 A5～A0 送入 Y 地址计数器，作为 DDRAM 的 Y 地址指针。在对 DDRAM 进行读写操作时，Y 地址计数器自动加 1，指向下一个 DDRAM 单元。

X、Y 地址的设定为写入 DDRAM 的数据确定物理地址，在写入 DDRAM 数据之前，都要事先将 X、Y 地址进行设定。

表 9-5　　　　　　　　　　　　　　　设置列地址命令

R/W	D/I	DB7	DB6	DB5	DB4	DB3	DB2	DB1	DB0
0	0	0	1	A5	A4	A3	A2	A1	A0

注意　LCD 屏幕显示驱动的过程是先按列递增。在不改变行(页)的情况下，每写入一个数据字节到 DDRAM 时，列地址便会自动加 1。

在 ZY12864D 模块中有一个用于显示的存储区域 DDRAM。在 DDRAM 区的寻址是按页地址 X 和列地址 Y 来实现的，每一列共有 8 页，每个页实际上就是一个存储字节(8 个 bit)。共有 64 列(详见表 9-6)。这样整个 128(列)×64(行)的 DDRAM 可以看成是一个 128×8 的存储空间，由这个存储空间所存储的数据构成了整个屏幕的显示像素。

表 9-6　　　　　　液晶模块内部 DDRAM 单元、地址与显示像素的关系

X ＼ Y	CSA、CSB=10(选择左半屏)				CSA、CSB=01(选择右半屏)				行号
	0	1	……	63	0	1	……	63	
X=0	DB0 ⋮ DB7	DB0 ⋮ DB7	……	DB0 ⋮ DB7	DB0 ⋮ DB7	DB0 ⋮ DB7	……	DB0 ⋮ DB7	0～7
X=1	DB0 ⋮ DB7	DB0 ⋮ DB7	……	DB0 ⋮ DB7	DB0 ⋮ DB7	DB0 ⋮ DB7	……	DB0 ⋮ DB7	8～15
X=2	DB0 ⋮ DB7	DB0 ⋮ DB7	……	DB0 ⋮ DB7	DB0 ⋮ DB7	DB0 ⋮ DB7	……	DB0 ⋮ DB7	16～23
X=3	DB0 ⋮ DB7	DB0 ⋮ DB7	……	DB0 ⋮ DB7	DB0 ⋮ DB7	DB0 ⋮ DB7	……	DB0 ⋮ DB7	24～31
X=4	DB0 ⋮ DB7	DB0 ⋮ DB7	……	DB0 ⋮ DB7	DB0 ⋮ DB7	DB0 ⋮ DB7	……	DB0 ⋮ DB7	32～39
X=5	DB0 ⋮ DB7	DB0 ⋮ DB7	……	DB0 ⋮ DB7	DB0 ⋮ DB7	DB0 ⋮ DB7	……	DB0 ⋮ DB7	40～47

（续表）

	Y	CSA、CSB=10（选择左半屏）				CSA、CSB=01（选择右半屏）				行号
X		0	1	……	63	0	1	……	63	
X=6		DB0 ⋮ ⋮ DB7	DB0 ⋮ ⋮ DB7		DB0 ⋮ DB7	DB0 ⋮ DB7	DB0 ⋮ ⋮ DB7		DB0 ⋮ DB7	48～55
X=7		DB0 ⋮ DB7	DB0 ⋮ DB7	……	DB0 ⋮ DB7	DB0 ⋮ DB7	DB0 ⋮ DB7		DB0 ⋮ DB7	56～63

　　那么 DDRAM 的存储状态与 128×64 点阵的显示效果又有什么关系呢？这就与 Z 地址计数器有关系了。Z 地址计数器的内容（00～63）决定了 LCD 屏幕上第一行显示的内容是 DDRAM 中的哪一行（共 64 行）。在正常情况下，Z 地址计数器的内容为 00 时，屏幕上所显示的像素内容就与 DDRAM 的存储是一样的了，这也是常规编程的方式。在这种情况下，我们可以把表 9-6 的内容看作是 128×64 液晶屏上的显示内容（"0"对应无像素；"1"对应有像素）。

　　图 9-5 以图的形式给出了当 Z 地址计数器为 00 时，DDRAM 的存储内容与 LCD 128×64 点阵屏的对应关系。注意：在编程过程中是通过"字节"来向 DDRAM 写入数据的，也就是说我们每一次向 DDRAM 写入一个字节的显示数据，在屏幕上对应一个纵向的 8 个像素点（如图 9-5 所示）。

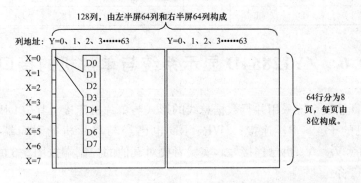

图 9-5　LCD 显示屏 DDRAM 地址与显示像素的对应关系示意图

9.5.5　读状态字命令

如表 9-7 所示：

条件：R/W=1，D/I=0，E=1 时，将模块的状态送到 DB 总线上，等待单片机读取。

BF：忙标志。BF=1 表示模块正在进行内部操作，此时不能接收外部数据；BF=0 时表示空闲。

ON/OFF:触发器的状态。值为 1 时显示;值为 0 时关闭显示。

RST:值为 1 时表示内部正在初始化,模块不能接收任何指令和数据。

表 9-7　　　　　　　　　　　　　　读状态字命令

R/W	D/I	DB7	DB6	DB5	DB4	DB3	DB2	DB1	DB0
1	0	BF	0	ON/OFF	RST	0	0	0	0

向 ZY12864D 显示模块进行写操作(无论是命令还是显示数据),都必须事先查询 BF 的状态,只有当 BF=0 (模块处于空闲状态)时,才可以进行相关的写操作。

9.5.6　写显示数据命令

如表 9-8 所示:

D7~D0 为要写入的数据。指令将 D7~D0 的数据写到(以当前的 X、Y 地址指定的)DDRAM 中,每写一个字节 Y(列),地址指针会自动加 1。

表 9-8　　　　　　　　　　　　　　写显示数据命令

R/W	D/I	DB7	DB6	DB5	DB4	DB3	DB2	DB1	DB0
0	1	D7	D6	D5	D4	D3	D2	D1	D0

9.5.7　读显示数据命令

如表 9-9 所示

指令将 DDRAM 内容 D7~D0 读到数据总线 DB 上。每读一个字节 Y(列),地址指针自动加 1。

表 9-9　　　　　　　　　　　　　　读显示数据命令

R/W	D/I	DB7	DB6	DB5	DB4	DB3	DB2	DB1	DB0
1	1	D7	D6	D5	D4	D3	D2	D1	D0

9.6　ZY12864D 显示系统与单片机的接口

ZY12864D 显示系统采用并行数据总线的形式与单片机连接。其中 DB0~DB7 已经直接与单片机的 $P_{0.0}$ ~ $P_{0.7}$ 连接;/WR、/RD 也已经与单片机的对应端口/WR、/RD ($P_{3.6}$、$P_{3.7}$)连接,V_{DD}、V_{SS} 也已连接好。实验者要对其他的控制端按图 9-6 的黑色粗实线进行连接(共 11 条)。

图 9-6 给出了一种连接的方案。实际上这种连接方案可以有两种编程方式:

(1)采用常规的传送指令 MOV P0,A 或 MOV P0,A 实现数据的传递,但是单片机还要使用指令单独模拟/WR、/RD 等信号。

(2)采用外部传送指令 MOVX A,@DPTR 或 MOVX @DPTR,A 进行数据交换,因为在 MOVX 指令中是通过 P0 口与外部设备进行数据交换的,在执行 MOVX 指令时,会根据指令的传送方向(输入或输出)自动产生/WR 写信号或/RD 读信号,而 MOVX 指令中是以 DPTR 的内容为访问外部地址。这样我们可以采用传统的"三总线"形式来构造一个外部接口,利用 MOVX 指令来控制外部模块的所有操作。这种方式的优点在于简化编程,在本实验中采取的就是这种方案。实际上 MOVX 指令是一种"三总线"方式的数据交换方式。有关 MOVX 指令的具体运行方式及特点可参考 MOVX 指令的时序。

　　根据图 9-6 中的译码器 74HC138 和 LCD 液晶模块 D/I、CSA 的连接,可以得到 LCD显示系统的相关口地址,详见表 9-10。

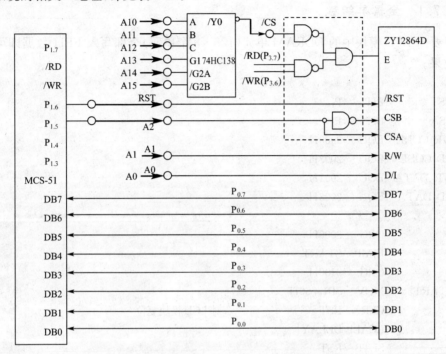

图 9-6　ZY12864D 与单片机的接口(需外接 11 条线)

表 9-10　LCD 显示模块的地址定义(/Y0 有效时 74HC138 的 ABC=000)

地址总线	A15	A14	A13	A12	A11	A10	A9	A8	A7~A3	A1	A0
74HC138 引脚	/G2B	/G2A	G1	C	B	A	×	×	×~×		
LCD 引脚	0	0	1	0	0	0	0	0	000000	R/W	D/I
写命令地址 2000H	0	0	1	0	0	0	0	0	000000	0	0
写数据地址 2001H	0	0	1	0	0	0	0	0	000000	0	1
读命令地址 2002H	0	0	1	0	0	0	0	0	000000	1	0
读数据地址 2003H	0	0	1	0	0	0	0	0	000000	1	1

这样可以使用伪指令将表中的四个地址加以定义以方便编程:

```
WR _CODE    EQU    2000H
RD_CODE     EQU    2002H
WR _DATA    EQU    2001H
RD_DATA     EQU    2003H
```

9.7　LCD 模块编程

9.7.1　全黑屏编程

只要向 LCD 模块中的 DDRAM 单元(128×8 个单元)全部写入 FFH 数据即可实现黑屏效果。

```
;* * * * * * * * * * * * * * * * * * * * * * * * * * * * * * * *
RST         BIT     P1.6
CSA         BIT     P1.5
WR_CODE     EQU     2000H
RD_CODE     EQU     2002H
WR_DATA     EQU     2001H
RD_DATA     EQU     2003H
;* * * * * * * * * * * * * * * * * * * * * * * * * * * * * * * *
            ORG     8000H
            LJMP    START
            ORG     8100H
START:      MOV     SP,#60H
            CLR     RST                 ;对 LCD 模块复位
            LCALL   DELAY
            SETB    RST
AA:         SETB    CSA                 ;选择左半屏(CSA=1 选择左半屏)
            LCALL   BF                  ;调查询等待处理函数
            MOV     DPTR,#WR_CODE       ;设定写命令模式
            MOV     A,#3FH              ;开启显示、左半屏开显示
            MOVX    @DPTR,A             ;送命令
            LCALL   BF                  ;查询等待处理函数
            MOV     DPTR,#WR_CODE       ;设定写命令模式
            MOV     A,#0C0H             ;设定 Z 地址(000000B)
            MOVX    @DPTR,A             ;送指令
            MOV     R3,#0B8H            ;R3 存 X(页)地址(左屏第 0 页)
            MOV     R4,#40H             ;R4 存 Y(列)地址(左屏第 0 列)
            MOV     R1,#0FFH            ;待显示的数据(全黑)
            LCALL   DISP_0              ;调全屏显示子程序
            LCALL   DELAY
            CLR     CSA                 ;选择右半屏
            LCALL   BF                  ;查询等待处理函数
            MOV     A,#3FH              ;左半屏开显示
            MOV     DPTR,#WR_CODE       ;设定写命令模式
            MOVX    @DPTR,A             ;送指令
```

```
        MOV    R3,#0B8H              ;R3 存 X(页)地址(右屏第 0 页)
        MOV    R4,#40H               ;R4 存 Y(列)地址(右屏第 0 列)
        MOV    R1,#0FFH              ;待显示的数据(全黑)
        LCALL DISP_0                 ;调全黑屏显示
        LCALL DELAY                  ;全黑屏保留一段时间
        SJMP   AA                    ;停机
;* * * * * * * * * * * * * * * * * * * * * * * * * * * * * * * * * *
DISP_0:  LCALL BF                    ;入口参数 R3、R4、R1
        MOV    DPTR,#WR_CODE         ;设定写命令模式
        MOV    A,R3                  ;装入 X(页)地址
        MOV    A,R3
        MOVX   @DPTR,A               ;写入 X 地址
                                     ;LCALL   BF
        MOV    A,R4                  ;装入 Y(列)地址
        MOVX   @DPTR,A               ;写入 Y 地址
        MOV    A,R1
        MOV    R2,#40H               ;行计数器,初值 64(列)
LOOP0:   CALL   BF
        MOV    DPTR,#WR_DATA         ;设定写命令模式
        MOVX   @DPTR,A               ;写入数据。注意:写入一个
                                     ;数据,列地址自动加 1,所以本循环完成 1~64 列
        DJNZ   R2,LOOP0              ;完成 1 行 1 列数据的写入
        INC    R3                    ;页地址加 1,纵向移动一页
        CJNE   R3,#0C0H,DISP_0       ;页控制命令字超过 BFH 时
        RET                          ;结束,返回主程序
                                     ;完成 64 列×8 页
;* * * * * * * * * * * * * * * * * * * * * * * * * * * * * * * * * *
DELAY:   PUSH   00H
        PUSH   01H
        MOV    R0,#00H
DELAY1:  MOV    R1,#00H
        DJNZ   R1,$
        DJNZ   R0,DELAY1
        POP    01H
        POP    00H
        RET
BF:      PUSH   ACC
BF1:     MOV    DPTR,#RD_CODE        ;设定读状态模式 BF1
        MOVX   A,@DPTR
        JB     ACC.7,BF1
        POP    ACC
        RET
```

　　　　　　END
; ＊

　　(1)数据信号:液晶模块的数据口与单片机的 P0 口连接;

　　(2)控制信号:液晶模块的片选信号/CS 与 3-8 译码器的/Y0 连接,且译码器的输入以及模块的 A0～A2 输入均从地址总线 A0～A15 连接;

　　(3)单片机使用外部数据传送指令(也称"总线访问"命令)MOVX 实现数据交换的操作;

　　(4)当执行 MOVX 指令时:DPTR 所装载的地址信号通过 A0～A15 输出,这个地址信号实际上包含了对模块的控制信号(详见表 9-10),同时会自动地产生/RD 或/WR 信号。如:

　　与输出所对应的　 MOVX　@DPTR,A　产生/WR 信号;

　　与输入所对应的　 MOVX　A,@DPTR　产生/RD 信号。

　　在执行 MOVX 指令中,上述的地址信号 A0～A15 与读写信号/RD、/WR 共同作用,实现了单片机与 LCD 模块的数据交换,从而完成了对液晶模块的控制。有关 MCS-51单片机的 MOVX 指令时序可参考相关的资料。

【采用 C 语言编写的参考程序】

```c
# include "reg51. h"
# include "ABSACC. h"
#define   WR_DATA  XBYTE[0x2001]   // 宏定义:写数据控制字 WR_DATA 为 XBYTE[0x2001]
#define   RD_DATA  XBYTE[0x2003]   // 宏定义:读数据控制字 RD_DATA 为 XBYTE[0x2003]
#define   WR_CODE  XBYTE[0x2000]   // 宏定义:写命令控制字 WR_CODE 为 XBYTE[0x2000]
#define   RD_CODE  XBYTE[0x2002]   // 宏定义:读命令控制字 RD_CODE 为 XBYTE[0x2002]
sbit   RST=P1^6;
sbit   CSA=P1^5;
void   DELAY();                                           //函数声明:延时函数
void   BF();   //函数声明:状态查询
void DISP_0(unsigned char x, unsigned char y, unsigned char d);   //函数声明:半屏显示

void main()                                               //函数声明:主函数
{     unsigned char x=0xb8,y=0x40,d=0xff;
      RST=0;                              // 复位液晶模块
      DELAY();
      RST=1;
      while(1)                            // 无限循环
   {
      CSA=1;                             // 选择左半屏(CSA=1、CSB=0)
      BF();                              // 查询左半屏状态,不忙时继续,否则等待
      WR_CODE=0x3f;                      // 发送开启命令字(3FH)
      BF();                              // 查询左半屏状态,不忙时继续,否则等待
      WR_CODE=0xc0;
```

```
        DISP_0(x,y,d);                    // 调显示函数:x(页地址)、y(列地址)、d 数据
        DELAY();
        CSA=0;
        BF();
        WR_CODE=0x3f;
        DISP_0(x,y,d);
        DELAY();
    }
}
void DISP_0(unsigned char x, unsigned char y, unsigned char d)
{    unsigned char i;
     do                                   // do-while 语句
     {
        BF();
        WR_CODE=x;                        // 写入页地址
        BF();
        WR_CODE=y;                        // 写入列地址
        for(i=0;i<64;i++)      // 内层循环 64 次(64 列——半屏),每次循环实现 64 列显示
        {   BF();
            WR_DATA=d;                    // 写入数据
        }
        x++;                              // 页地址加 1
     }while(x! =0xc0);     //外层循环:共 8 次(C0H~B8H=08H),每次循环完成水平一行字符
                                          显示
}
void   DELAY()
{    unsigned char i,j;
     for(i=0;i<255;i++)
     for(j=0;j<255;j++);
}
void   BF()
{
     while((RD_CODE&0x80)==0x08);
}
```

　　读者可思考如何在 128×64 的屏幕上显示 32 条细线(或粗线):其中左半屏第一行显示黑线,右半屏第一行显示白线。

9.7.2　字符显示编程

　　ZY12864D 液晶屏共有像素点 128×64 个,而要显示一个字符(数字、字母)则要占用 8×8 的像素(如图 9-7 所示),这样,一个字符占用纵向 8 个位(一页),横向占用 8 列。理论上 128×64 可显示 16×8 个字符。

实际上,一个字符正好由 8 个字节构成,每个字节纵向排列(D0 在上)。如:

(1)构成字符"0"的 8 个字节数据为:00H,3EH,51H,49H,45H,3EH,00H;

(2)构成字母"A"的 8 个字节数据为:00H,7EH,11H,11H,11H,7EH,00H,00H。

在编程中使用 DB 伪指令为每一个字符建立一个由 8 个字节构成的字符表,利用查表指令连续获取 8 个字节依次送入 LCD 显示模块的 DDRAM 中即可。

为了便于编程,我们将 0~9、A~Z(共 36 个字符)的字符代码给出,详见表 9-11。在编程中:

(1)使用 DB 伪指令在单片机的程序存储区建立相应的字符代码表;

(2)每一个字符代码由 8 个字节构成,以实现 8×8 的字符像素(参见图 9-7);

(3)每一个字符代码表的前面应当建有对应的字符代码表行的"表头标号",以便于随机查取字符代码(如:MOVX DPTR,♯ TAB_0——获取字符"0"的字符首地址);

(4)查表变量对于指令操作非常方便。在后续的参考程序中,我们是利用一个 DISP_3 的子程序实现显示功能,子程序通过一个入口参量 R7 来装载查表变量。例如:要显示 0~9、A~F 时,可以直接使用 0~9、A~F 作查表变量,就可以得到对应字符的显示效果,这一点特别重要,尤其是显示(0~9 十进制数或 A~F 十六进制数)数字数据时特别方便。如果要显示 G~Z 字符时可以通过查表变量 16~35(10H~23H)来实现。

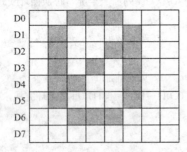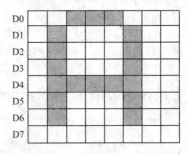

图 9-7　ZY12864D 显示字符原理示意图——显示"0"和"A"

【举例】　如果要显示数字 5:

　MOV　　R7,♯05H　　;在 R7 中装入查表变量 5

　LCALL　DISP_3　　　;子程序完成显示 5 的功能

【举例】　如果要显示大写字母 Z:

　MOV　　R7,♯23H　　;在 R7 中装入查表变量 23H

　LCALL　DISP_3　　　;子程序完成显示"Z"的功能

表 9-11　　　　　　　　　　显示字符的代码表(0~9、A~Z)

查表变量		显示字符	字符表头标号	字符代码(由八个字节组成)
10 进制				
0	00H	0	TAB_0;	00H,3EH,51H,49H,45H,3EH,00H,00H
1	01H	1	TAB_1;	00H,00H,42H,7FH,40H,00H,00H,00H
2	02H	2	TAB_2;	00H,42H,61H,51H,49H,46H,00H,00H
3	03H	3	TAB_3;	00H,21H,41H,45H,4BH,31H,00H,00H

（续表）

查表变量		显示字符	字符表头标号	字符代码（由八个字节组成）
10 进制				
4	04H	4	TAB_4：	00H,18H,14H,12H,7FH,10H,00H,00H
5	05H	5	TAB_5：	00H,27H,45H,45H,45H,39H,00H,00H
6	06H	6	TAB_6：	00H,3CH,4AH,49H,49H,30H,00H,00H
7	07H	7	TAB_7：	00H,00H,01H,79H,05H,03H,00H,00H
8	08H	8	TAB_8：	00H,36H,49H,49H,49H,36H,00H,00H
9	09H	9	TAB_9：	00H,06H,49H,49H,29H,1EH,00H,00H
10	0AH	A	TAB_A：	00H,7EH,11H,11H,11H,7EH,00H,00H
11	0BH	B	TAB_B：	00H,41H,7FH,49H,49H,36H,00H,00H
12	0CH	C	TAB_C：	00H,3EH,41H,41H,41H,22H,00H,00H
13	0DH	D	TAB_D：	00H,41H,7FH,41H,41H,3EH,00H,00H
14	0EH	E	TAB_E：	00H,7FH,49H,49H,49H,49H,00H,00H
15	0FH	F	TAB_F：	00H,7FH,09H,09H,09H,01H,00H,00H
16	10H	G	TAB_G：	00H,3EH,41H,41H,49H,7AH,00H,00H
17	11H	H	TAB_H：	00H,7FH,08H,08H,08H,7FH,00H,00H
18	12H	I	TAB_I：	00H,00H,41H,7FH,41H,00H,00H,00H
19	13H	J	TAB_J：	00H,20H,40H,41H,3FH,01H,00H,00H
20	14H	K	TAB_K：	00H,7FH,08H,14H,22H,41H,00H,00H
21	15H	L	TAB_L：	00H,7FH,40H,40H,40H,40H,00H,00H
22	16H	M	TAB_M	00H,7FH,02H,0CH,02H,07FH,00H,00H
23	17H	N	TAB_N：	00H,7FH,06H,08H,30H,7FH,00H,00H
24	18H	O	TAB_O：	00H,3EH,41H,41H,41H,3EH,00H,00H
25	19H	P	TAB_P：	00H,7FH,09H,09H,09H,06H,00H,00H
26	1AH	Q	TAB_Q：	00H,3EH,41H,51H,21H,5EH,00H,00H
27	1BH	R	TAB_R：	00H,7FH,09H,19H,29H,46H,00H,00H
28	1CH	S	TAB_S：	00H,26H,49H,49H,49H,32H,00H,00H
29	1DH	T	TAB_T：	00H,01H,01H,7FH,01H,01H,00H,00H
30	1EH	U	TAB_U：	00H,3FH,40H,40H,40H,3FH,00H,00H
31	1FH	V	TAB_V：	00H,1FH,20H,40H,20H,1FH,00H,00H
32	20H	W	TAB_W：	00H,7FH,20H,18H,20H,7FH,00H,00H
33	21H	X	TAB_X：	00H,63H,14H,08H,14H,63H,00H,00H
34	22H	Y	TAB_Y：	00H,07H,08H,70H,08H,07H,00H,00H
35	23H	Z	TAB_Z：	00H,61H,51H,49H,45H,43H,00H,00H
36	24H	a	TAB_AA	
37	25H	b	TAB_BB	
38	26H	c	TAB_CC	
39	27H	d	TAB_DD	
40	28H	e	TAB_EE	
41	29H	f	TAB_FF	

（续表）

查表变量		显示字符	字符表头标号	字符代码（由八个字节组成）
10 进制				
42	2AH	g	TAB_GG	
43	2BH	h	TAB_HH	
44	2CH	i	TAB_II	
45	2DH	j	TAB_JJ	
46	2EH	k	TAB_KK	
47	2FH	l	TAB_LL	
48	30H	m	TAB_MM	
49	31H	n	TAB_NN	
50	32H	o	TAB_OO	
51	33H	p	TAB_PP	
52	34H	q	TAB_QQ	
53	35H	r	TAB_RR	
54	36H	s	TAB_SS	
55	37H	t	TAB_TT	
56	38H	u	TAB_UU	
57	39H	v	TAB_VV	
58	3AH	w	TAB_WW	
59	3BH	x	TAB_XX	
60	3CH	y	TAB_YY	
61	3DH	z	TAB_ZZ	
62	3EH	(		
63	3FH	)		
64	40H	/		
65	41H	℃		
66	42H			
67	43H			
68	44H			
69	45H			
70	46H			
71	47H			
72	48H			
73	49H			

※ 请试将小写字母 a～z 以及一些较特殊的字符的字符代码编写进去，以便显示。

9.7.3　字符显示程序清单

在 LCD 的最上面的一行显示 0～9 和 A～Z 。

| RST | BIT | $P_{1.6}$ |
| CSA | BIT | $P_{1.5}$ |

```
WR_CODE    EQU      2000H
RD_CODE    EQU      2002H
WR_DATA    EQU      2001H
RD_DATA    EQU      2003H

           ORG      8000H
           LJMP     START
           ORG      8100H
START：     MOV      SP,#60H
           CLR      RST
           LCALL    DELAY
           SETB     RST


AA：        SETB     CSA                    ;选择左半屏
           LCALL    BF                     ;查询等待处理函数

           MOV      A,#3FH                 ;左半屏开显示
           MOV      DPTR,#WR_CODE          ;设定写命令模式
           MOVX     @DPTR,A                ;送指令
           LCALL    BF
           MOV      DPTR,#WR_CODE          ;设定写命令模式
           MOV      A,#0C0H                ;设定 Z 地址(000000B)
           MOVX     @DPTR,A                ;送指令

           MOV      R3,#0B8H               ;R3 存 X(页)地址(左半屏第 0 页)
           MOV      R4,#40H                ;R4 存 Y(列)地址(左半屏第 0 列)
           LCALL    BF
           MOV      A,R3
           MOV      DPTR,#WR_CODE
           MOVX     @DPTR,A
           LCALL    BF
           MOV      A,R4
           MOVX     @DPTR,A

           MOV      R7,#00H                ;入口参数:待实现的变量值(00H~0FH)
           MOV      R6,#08H
LOOP1：     LCALL    DISP_3                 ;调全屏显示子程序
           INC      R7
           DJNZ     R6,LOOP1

           CLR      CSA                    ;选择右半屏
           LCALL    BF                     ;查询等待处理函数
```

```
                MOV     A,#3FH                  ;右半屏开显示
                MOV     DPTR,#WR_CODE           ;设定写命令模式
                MOVX    @DPTR,A                 ;送指令

                LCALL   BF
                MOV     DPTR,#WR_CODE           ;设定写命令模式
                MOV     A,#0C0H                 ;设定 Z 地址(000000B)
                MOVX    @DPTR,A                 ;送指令
                MOV     R3,#0B8H                ;R3 存 X(页)地址(左半屏第 0 页)
                MOV     R4,#40H                 ;R4 存 Y(列)地址(左半屏第 0 列)
                LCALL   BF
                MOV     A,R3
                MOV     DPTR,#WR_CODE
                MOVX    @DPTR,A
                LCALL   BF
                MOV     A,R4
                MOVX    @DPTR,A
                MOV     R6,#08H
LOOP11:         LCALL   DISP_3                  ;调全屏显示子程序
                INC     R7
                DJNZ    R6,LOOP11
                SJMP    AA                      ;停机

DELAY:          PUSH    00H
                PUSH    01H
                MOV     R0,#00H
DELAY1:         MOV     R1,#00H
                DJNZ    R1,$
                DJNZ    R0,DELAY1
                POP     01H
                POP     00H
                RET
BF:             PUSH    ACC
                PUSH    DPL
                PUSH    DPH
BF1:            MOV     DPTR,#RD_CODE           ;设定读状态模式 BF1
                MOVX    A,@DPTR
                JB      ACC.7,BF1
                POP     DPH
                POP     DPL
                POP     ACC
                RET
```

```
DISP_3：    PUSH    02H                      ;入口参数 R7 待显示的变量(00H~FFH)
            LCALL   BF
LOOP31：     MOV     R2,#08H
LOOP32：     LCALL   BF
            MOV     DPTR,#TAB_0
            LCALL   AJUST                    ;查表偏移量计算子程序
                                             ;[DPTR=(R7*8)+DPTR]
LOOP33：     MOV     A,#00H
            MOVC    A,@A+DPTR
            PUSH    DPH
            PUSH    DPL
            MOV     DPTR,#WR_DATA
            MOVX    @DPTR,A
            POP     DPL
            POP     DPH
            INC     DPTR
            DJNZ    R2,LOOP33
            POP     02H
            RET
AJUST：      PUSH    ACC
            PUSH    00H
            PUSH    01H
            PUSH    02H
            MOV     R2,#03H
            MOV     A,R7
            MOV     R0,A                     ;R1、R0 装载(R7*8)——双字节数据
            MOV     R1,#00H
            CLR     C
LOOP：       MOV     A,R0
            RLC     A
            MOV     R0,A
            MOV     A,R1
            RLC     A
            MOV     R1,A
            DJNZ    R2,LOOP                  ;在 R1、R0 中获取到(R7*8)的值
            MOV     A,82H                    ;实现 DPTR=(R7*8)+DPTR
            ADD     A,R0
            MOV     82H,A
            MOV     A,83H
            ADDC    A,R1
            MOV     83H,A
            POP     02H
```

```
                POP    01H
                POP    00H
                POP    ACC
                RET
TAB_0:          DB     00H,3EH,51H,49H,45H,3EH,00H,00H
TAB_1:          DB     00H,00H,42H,7FH,40H,00H,00H,00H
TAB_2:          DB     00H,42H,61H,51H,49H,46H,00H,00H
TAB_3:          DB     00H,21H,41H,45H,4BH,31H,00H,00H
TAB_4:          DB     00H,18H,14H,12H,7FH,10H,00H,00H
TAB_5:          DB     00H,27H,45H,45H,45H,39H,00H,00H
TAB_6:          DB     00H,3CH,4AH,49H,49H,30H,00H,00H
TAB_7:          DB     00H,00H,01H,79H,05H,03H,00H,00H
TAB_8:          DB     00H,36H,49H,49H,49H,36H,00H,00H
TAB_9:          DB     00H,06H,49H,49H,29H,1EH,00H,00H
TAB_A:          DB     00H,7EH,11H,11H,11H,7EH,00H,00H
TAB_B:          DB     00H,41H,7FH,49H,49H,36H,00H,00H
TAB_C:          DB     00H,3EH,41H,41H,41H,22H,00H,00H
TAB_D:          DB     00H,41H,7FH,41H,41H,3EH,00H,00H
TAB_E:          DB     00H,7FH,49H,49H,49H,49H,00H,00H
TAB_F:          DB     00H,7FH,09H,09H,09H,01H,00H,00H
TAB_G:          DB     00H,3EH,41H,41H,49H,7AH,00H,00H
TAB_H:          DB     00H,7FH,08H,08H,08H,7FH,00H,00H
TAB_I:          DB     00H,00H,41H,7FH,41H,00H,00H,00H
TAB_J:          DB     00H,20H,40H,41H,3FH,01H,00H,00H
TAB_K:          DB     00H,7FH,08H,14H,22H,41H,00H,00H
TAB_L:          DB     00H,7FH,40H,40H,40H,40H,00H,00H
TAB_M:          DB     00H,7FH,02H,0CH,02H,7FH,00H,00H
TAB_N:          DB     00H,7FH,06H,08H,30H,7FH,00H,00H
TAB_O:          DB     00H,3EH,41H,41H,41H,3EH,00H,00H
TAB_P:          DB     00H,7FH,09H,09H,09H,06H,00H,00H
TAB_Q:          DB     00H,3EH,41H,51H,21H,5EH,00H,00H
TAB_R:          DB     00H,7FH,09H,19H,29H,46H,00H,00H
TAB_S:          DB     00H,26H,49H,49H,49H,32H,00H,00H
TAB_T:          DB     00H,01H,01H,7FH,01H,01H,00H,00H
TAB_U:          DB     00H,3FH,40H,40H,40H,3FH,00H,00H
TAB_V:          DB     00H,1FH,20H,40H,20H,1FH,00H,00H
TAB_W:          DB     00H,7FH,20H,18H,20H,7FH,00H,00H
TAB_X:          DB     00H,63H,14H,08H,14H,63H,00H,00H
TAB_Y:          DB     00H,07H,08H,70H,08H,07H,00H,00H
TAB_Z:          DB     00H,61H,51H,49H,45H,43H,00H,00H
                END
```

(1)读者可尝试在 LCD 屏幕的适当位置上显示实验者的英文名字及学号。

(2)使用 PCF8563T 编写电子表程序,并利用 LCD 屏幕显示日期和时间。

利用 LCD 屏幕制作一个"数字万用表"将 TLC549 模数转换器的输出用数字显示(采用十进制的形式)。

提示:显示 N 位变量时要采用"N 位全刷新、覆盖"的处理方法,否则旧数据与新数据会同时出现在变量的不同位置上,造成显示不正常。

例如:一个 4 位的变量,第一次采集为 1234,显示为 1234,第二次采集为 876。如果是刷新低三位的数据显示,很可能显示的不是 876 而是 1876,这里的高位 1 实际上是上一次留在 LCD 模块中 DDRAM 的数据。为了避免此种情况的发生可以采取固定位数的显示。如,当采集的数是 876 时,变为 0876 或使用一个特殊的全空白字符码放在最高位。

9.7.4 字符和数字显示的 C 语言编程

程序功能:在 LCD 屏幕上显示一行字符,并在该行的后半部分显示一个数字。此程序包含了字符、数字的显示,可以作为一个模板实现像"电子表设计"、"ADC 转换显示"、"温度采集显示系统"等综合类课题的设计。参考程序如下:

```c
#include "reg51.h"
#include "ABSACC.h"
#define  WR_DATA XBYTE[0x2001]
#define  RD_DATA XBYTE[0x2003]
#define  WR_CODE XBYTE[0x2000]
#define  RD_CODE XBYTE[0x2002]
sbit  RST=P1^6;
sbit  CSA=P1^5;
void  DELAY();
void  BF();
void DISP_0(unsigned char x, unsigned char y, unsigned char d);
void DISP_x(unsigned char x, unsigned char y, unsigned char ctxt);
void DISP_shu(unsigned char x, unsigned char y, unsigned char ctxt);
void DISP_black();
void DISP_white();
unsigned char code TAB_0[8]={0x00,0x3E,0x51,0x49,0x45,0x3E,0x00,0x00};  //0 的字符码
unsigned char code TAB_1[8]={0x00,0x00,0x42,0x7F,0x40,0x00,0x00,0x00};  //1 的字符码
unsigned char code TAB_2[8]={0x00,0x42,0x61,0x51,0x49,0x46,0x00,0x00};  //2 的字符码
unsigned char code TAB_3[8]={0x00,0x21,0x41,0x45,0x4B,0x31,0x00,0x00};  //3 的字符码
unsigned char code TAB_4[8]={0x00,0x18,0x14,0x12,0x7F,0x10,0x00,0x00};  //4 的字符码
unsigned char code TAB_5[8]={0x00,0x27,0x45,0x45,0x45,0x39,0x00,0x00};  //5 的字符码
unsigned char code TAB_6[8]={0x00,0x3C,0x4A,0x49,0x49,0x30,0x00,0x00};  //6 的字符码
unsigned char code TAB_7[8]={0x00,0x00,0x01,0x79,0x05,0x03,0x00,0x00};  //7 的字符码
unsigned char code TAB_8[8]={0x00,0x36,0x49,0x49,0x49,0x36,0x00,0x00};  //8 的字符码
unsigned char code TAB_9[8]={0x00,0x06,0x49,0x49,0x29,0x1E,0x00,0x00};  //9 的字符码
```

```c
unsigned char code TAB_A[8]={0x00,0x7E,0x11,0x11,0x11,0x7E,0x00,0x00};  //A 的字符码
unsigned char code TAB_B[8]={0x00,0x41,0x7F,0x49,0x49,0x36,0x00,0x00};  //B 的字符码
unsigned char code TAB_C[8]={0x00,0x3E,0x41,0x41,0x41,0x22,0x00,0x00};  //C 的字符码
unsigned char code TAB_D[8]={0x00,0x41,0x7F,0x41,0x41,0x3E,0x00,0x00};  //D 的字符码
unsigned char code TAB_E[8]={0x00,0x7F,0x49,0x49,0x49,0x49,0x00,0x00};  //E 的字符码
unsigned char code TAB_F[8]={0x00,0x7F,0x09,0x09,0x09,0x01,0x00,0x00};  //F 的字符码
unsigned char code TAB_G[8]={0x00,0x3E,0x41,0x41,0x49,0x7A,0x00,0x00};  //G 的字符码
unsigned char code TAB_H[8]={0x00,0x7F,0x08,0x08,0x08,0x7F,0x00,0x00};  //H 的字符码
unsigned char code TAB_I[8]={0x00,0x00,0x41,0x7F,0x41,0x00,0x00,0x00};  //I 的字符码
unsigned char code TAB_J[8]={0x00,0x20,0x40,0x41,0x3F,0x01,0x00,0x00};  //J 的字符码
unsigned char code TAB_K[8]={0x00,0x7F,0x08,0x14,0x22,0x41,0x00,0x00};  //K 的字符码
unsigned char code TAB_L[8]={0x00,0x7F,0x40,0x40,0x40,0x40,0x00,0x00};  //L 的字符码
unsigned char code TAB_M[8]={0x00,0x7F,0x02,0x0C,0x02,0x7F,0x00,0x00};  //M 的字符码
unsigned char code TAB_N[8]={0x00,0x7F,0x06,0x08,0x30,0x7F,0x00,0x00};  //N 的字符码
unsigned char code TAB_O[8]={0x00,0x3E,0x41,0x41,0x41,0x3E,0x00,0x00};  //O 的字符码
unsigned char code TAB_P[8]={0x00,0x7F,0x09,0x09,0x09,0x06,0x00,0x00};  //P 的字符码
unsigned char code TAB_Q[8]={0x00,0x3E,0x41,0x51,0x21,0x5E,0x00,0x00};  //Q 的字符码
unsigned char code TAB_R[8]={0x00,0x7F,0x09,0x19,0x29,0x46,0x00,0x00};  //R 的字符码
unsigned char code TAB_S[8]={0x00,0x26,0x49,0x49,0x49,0x32,0x00,0x00};  //S 的字符码
unsigned char code TAB_T[8]={0x00,0x01,0x01,0x7F,0x01,0x01,0x00,0x00};  //T 的字符码
unsigned char code TAB_U[8]={0x00,0x3F,0x40,0x40,0x40,0x3F,0x00,0x00};  //U 的字符码
unsigned char code TAB_V[8]={0x00,0x1F,0x20,0x40,0x20,0x1F,0x00,0x00};  //V 的字符码
unsigned char code TAB_W[8]={0x00,0x7F,0x20,0x18,0x20,0x7F,0x00,0x00};  //W 的字符码
unsigned char code TAB_X[8]={0x00,0x63,0x14,0x08,0x14,0x63,0x00,0x00};  //X 的字符码
unsigned char code TAB_Y[8]={0x00,0x07,0x08,0x70,0x08,0x07,0x00,0x00};  //Y 的字符码
unsigned char code TAB_Z[8]={0x00,0x61,0x51,0x49,0x45,0x43,0x00,0x00};  //Z 的字符码
unsigned char code TAB_SP[8]={0x00,0x00,0x00,0x00,0x00,0x00,0x00,0x00};  //空格的字符码
unsigned char code TAB_BLACK[8]={0xff,0xff,0xff,0xff,0xff,0xff,0xff,0xff};//黑格字符码
unsigned char * code  pcharAddr[38]={ TAB_0,TAB_1,TAB_2,TAB_3,TAB_4,TAB_5, TAB_6,
TAB_7,TAB_8,TAB_9,TAB_A,TAB_B,TAB_C,TAB_D,TAB_E,TAB_F,TAB_G,TAB_H,
TAB_I,TAB_J,TAB_K,TAB_L,TAB_M,TAB_N,TAB_O,TAB_P,TAB_Q,TAB_R,TAB_S,
TAB_T,TAB_U,TAB_V,TAB_W,TAB_X,TAB_Y,TAB_Z,TAB_SP,TAB_BLACK};

void main()
{
    unsigned char x;                    //x:页地址(第一页)
    unsigned char i,shu,z;              //z:列位置(0~15)
unsigned char disp[]={' ','D','A','T','A',' ','I','S',' ','b','b','b', 'b','b','b','b'};
                                        //待显示的(<=16 个)ASCII 码
    unsigned char cdata=185;            //待显示的数据
    RST=0;                              //液晶模块复位
    DELAY();
```

```
    RST=1;

    while(1)                              //无限循环体
    {
      DISP_black();                       //全黑屏显示
      DELAY();
      DELAY();
      DELAY();
      DELAY();
      DISP_white();                       //全白屏显示
      DELAY();
      DELAY();
      DELAY();
      DELAY();

      //显示一行字符(disp 数组)自左向右 128 列(16 个字符)
      CSA=1;
      BF();
      x=5;                                //设定显示行起始位置(0~7)
      z=0;                                //显示的列位置(0~15)

      for(i=z;i<sizeof(disp);i++)         //for 循环,循环次数由 disp 的元素决定
      {
        if(i<8)
        {                                 //如果是前 8 个字符则选择左半屏
          CSA=1;
          BF();
          WR_CODE=0x3f;                   //写入"开显示"命令
          BF();
          WR_CODE=0xc0;                   //写入 z 地址()
          DISP_x(x,i,disp[i]);
        }
        else                              //第 9 个字符从右半屏开始显示
        {
          CSA=0;
          BF();
          WR_CODE=0x3f;
          BF();
          WR_CODE=0xc0;
          DISP_x(x,i-8,disp[i]);
        }
      }
```

```
                DELAY();
                DELAY();
                DELAY();
                DELAY();
// 显示数据(char 型数据 00～0xff 转换成 3 位 BCD 码)
                BF();
                WR_CODE=0x3f;
                BF();
                WR_CODE=0xc0;
                x=5;                        //给定页(行)位置(0～7)
                z=11;                       //给定起始列位置(0～15)实际上为 0～12(因为数
                                            //据占 3 位)
                shu=cdata;                  //要显示的 char 型数据
                DISP_shu(x,z,shu);          //调数字显示函数(具有自动换屏功能)
                DELAY();
                DELAY();
                DELAY();
                DELAY();
        }
}


void DISP_black()                           //全黑屏显示函数
{
        unsigned char x=0xb8,y=0x40,d;
        d=0xff;
        CSA=1;
        BF();
        WR_CODE=0x3f;
        BF();
        WR_CODE=0xc0;
        DISP_0(x,y,d);

        CSA=0;
        BF();
        WR_CODE=0x3f;
        BF();
        DISP_0(x,y,d);
}


void DISP_white()                           //全白屏显示函数
{   unsigned char x=0xb8,y=0x40,d;
        d=0x00;
```

```
      CSA=1;
      BF();
      WR_CODE=0x3f;
      BF();
      WR_CODE=0xc0;
      DISP_0(x,y,d);
      CSA=0;
      BF();
      WR_CODE=0x3f;
      BF();
      DISP_0(x,y,d);
}
void DISP_0(unsigned char x, unsigned char y, unsigned char d) //半屏显示函数
{   unsigned char i;                                    //x:起始页地址
    do                                                  //y:起始列地址
    {                                                   //d:要写入的数据
      BF();
      WR_CODE=x;
      BF();
      WR_CODE=y;
      for(i=0;i<64;i++)                                 //for 循环 64 次(某行 64 列的操作)
      {   BF();
          WR_DATA=d;                                    //写入数据
      }
      x++;                                              //换页
    }while(x! =0xc0);
}


void   DELAY()                                          //延时函数
{   unsigned char i,j;
    for(i=0;i<255;i++)
    for(j=0;j<255;j++);
}


void DISP_x(unsigned char x, unsigned char y, unsigned   char ctxt)
{
    //一行字符显示函数:将 disp[]数组提供的 ASCII 码的字符串显示在所需要的行上(0~7 行)
    // 形参说明:x 为页数据(0~7)、y 为列位置(0~15)、ctxt 为字符表首地址
unsigned char i,z;
BF();
x=x+0xb8;                              //将行位置转换为页地址(0~7 行转换为 B8H~BFH)
WR_CODE=x;                             //写入页地址
```

```
BF();
if(y>7)                              //如果列位置超过 7 则转换为右半屏并转换为 0～7
y=y-8;                               //将列位置大于 7 的数据转换为 0～7
z=y*8+0x40;                          //列位置转换为列地址(一个字符要占 8 列位置)
WR_CODE=z;                           //写入列地址
BF();
if(ctxt<='9'&&ctxt>='0')             //将 disp[]数组中的 ASCII 码转换为可查表的数据
{                                    //如果是 0～9 的 ASCII 码
    for(i=0;i<8;i++)
    WR_DATA=pcharAddr[ctxt-48][i];   //将此数据-30H 得数字本身(30H～39H 转换为 0～9)
}
else if(ctxt<='Z'&&ctxt>='A')        //如果是大写的字母 A～Z,则-41H,再加 10
{
    for(i=0;i<8;i++)
    WR_DATA=pcharAddr[ctxt-65+10][i];
}
else if(ctxt==' ')
{
    for(i=0;i<8;i++)
    WR_DATA=pcharAddr[36][i];
}
else if(ctxt=='b')
{
    for(i=0;i<8;i++)
    WR_DATA=pcharAddr[37][i];
}
}


void DISP_shu(unsigned char x, unsigned char z, unsigned  char ctxt) //显示 3 位 BCD 数据
{                               //x:显示的行位置,z:列位置,ctxt:要显示的 char 型数据
    if(z<8)                     //如果列位置小于 8 则从左半屏开始
    CSA=1;
    else CSA=0;                 //如果列位置大于等于 8 则从右半屏开始显示
    DISP_x(x,z,ctxt/100+48);    //将一个 char 型数据的百位进行拆分并转换为 ASCII 码
    z=z+1;                      //列位置加 1
    BF();
    WR_CODE=0x3f;
    BF();
    WR_CODE=0xc0;
    if(z<8)
    CSA=1;
    else CSA=0;
```

```
        DISP_x(x,z,(ctxt−ctxt/100 * 100)/10+48);//将 char 型数据的十位进行拆分并转换为 ASCII 码
        z=z+1;
        BF();
        WR_CODE=0x3f;
        BF();
        WR_CODE=0xc0;
        if(z<8)
        CSA=1;
        else CSA=0;
        DISP_x(x,z,ctxt%10+48);    //将一个 char 型数据的个位进行拆分并转换为 ASCII 码
    }


    void BF()
    {
        while((RD_CODE&0x80)==0x08);
    }
```

(1)void DISP_x(char x，char y，char ctxt)：单字符显示函数,其中形参定义如下：

• x：显示字符的页位置。在 128×64LCD 屏上垂直方向（64 列）可显示 8 行字符(8×8 像素)，行也称"页"。

• y：显示字符在屏幕上的列位置。在 128×64LCD 屏上水平方向有 64+64=128 列(分为左、右半屏)。可以选择为 0～15 列,注意列位置 y 与列地址 z 不同,列地址 $z=y*8+0x40$。

• char ctxt 为 ASCII 格式的字符（在本程序中有 0～9、A～Z、空格、黑格）。应当说明的是,为了简化程序结构,字符和数字都采用 ASCII 码格式,而在函数中再分别将字符、数字的 ASCII 码处理为对应的数值以便于查表。因此,在调用此函数显示数字(0～9)时应当先将其变为数字的 ASCII 即可。

此函数可以作为一个参考模板,方便地实现"字符"和"数字"的显示。如：ADC 转换、电子表或温度计设计等场合。只要给定 x、y 和 char ctxt 实参,就可以在 128×64LCD 屏幕上的任意一个位置实现显示。函数具有左、右半屏自动处理的功能。

🐾注意　每调用一次此函数只能显示一个字符,对于多个字符的显示可通过 for 语句控制。

(2)void DISP_shu(char x，char z，char ctxt)：char 型(8 bit)数字显示函数。形参定义如下：

• x：显示数字的页位置。在 128×64LCD 屏上垂直方向（64 列）可显示 8 行字符(8×8 像素)，每一行也称"页"。

• z：显示字符在屏幕上的列位置。在 128×64LCD 屏上水平方向有 64+64=128 列(分为左、右半屏)，可以选择为 0 ～ 15 列。注意列位置与列地址不同,列地址=z*8+0x40。

• char ctxt：待显示的数字,注意：与 void DISP_x 函数不同,调用 void DISP_shu 显

示数字时,不用进行 ASCII 码转换,因为在函数内部要将 char 型数据拆分成三位 BCD 码(百、十、个位数),然后在调用 void DISP_x 的同时将三位 BCD 码转换为 ASCII 码。

注意 输入列位置值时,其值在 0～13,因为数据显示时要连续用 3 个列位置(13+2=15)。

(3)unsigned char * code pcharAddr[38]:一个双维数组,由 28 个单维数组构成。当然,次双维数组可以根据需要进行扩充,如小写的 a～z 以及等号(=)等。

9.7.5　汉字显示编程

与字符显示相类似,不同之处是汉字显示的像素为 16×16,即一个汉字的字形码由 32 个字节构成,同时要占用两页的 DDRAM 地址。其他部分与字符显示类同,这里不再进行分析。

第10章

第 10 章　DS18B20 智能温度传感器编程

 知识导入

　　单线(1-Wire)总线是一项专有技术,它使用一根导线对信号进行双向传输,具有接口简单、容易扩展等优点,适合单主机、多从机构成的分布式数据采集系统。

　　该器件在编程时对每一项操作的时序要求较严。利用不同的延时程序(函数)产生器件的各种操作是该芯片编程的特点。因此延时程序(函数)的精确性将直接影响程序运行的成功与否。

　　如果采用汇编语言,可根据系统时钟 fosc 推算出单周期指令的时间(如:12 M 时为 1 μs),达到精确确定延时程序的时间;如果采用 C 语言编写延时程序,推荐一种方法:编写一个产生连续方波的函数(每延时一次,将端口电平取反一次),再借助一个示波器来测量方波的脉宽,这样可以确定该延时函数所产生的延时时间。这里提醒读者:同一个 C 语言的延时函数,在不同的 C 编译器下产生的延时时间可能会有差别,这一点要格外注意。

10.1　DS18B20 元件介绍

10.1.1　元件的引脚定义及封装(参见图 10-1)

　　• 1 脚:接地端 GND,直接与系统的数字地连接;

　　• 2 脚:双向串行数据段 DQ。与单片机的 I/O 端口连接。DQ 端为"漏极开路"结构,这样可以实现多个 DS18B20 的 DQ 端"线与"的功能,但需要采用一只 4.7 K 左右的上拉电阻;

　　• 3 脚:电源端 V_{DD}。可以与系统的 V_{DD}(+5 V)连接,当系统只使用一只 DS18B20 时,3 脚可以直接与地(GND)连接,可以依靠 2 脚的 DQ 线来获取电荷为芯片工作提供能量。

　　芯片有塑封(To-92)和扁平封装(8-Pin SOIC)两种形式。在 DP-51PROC 综合仿真实验台的 B4 区上,设计有塑封的 DS18B20 元件一只。

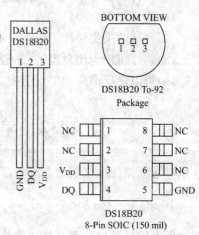

图 10-1　DS18B20 元件及封装形式

注意 DS18B20可以不接电源,此时可将其3脚接地即可。

10.1.2 与单片机的接口方式

DS18B20与单片机的接口如图10-2所示。实际上,当系统只使用一只DS18B20器件时,元件的3脚(VDD)端可以直接接地,通过串行数据线DQ获取电荷作为芯片的能量供应。

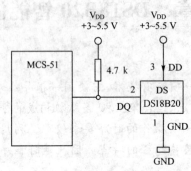

图10-2 DS18B20与单片机的接口

10.1.3 DS18B20的主要特点

(1)独特的单总线接口,只需一条线就可以实现与单片机的通讯;

(2)每一个DS18B20芯片内部中有一个64位的ROM单元,其中有8位产品序列编码、唯一的48位序列号和8位的循环冗余效验码(CRC)。在多DS18B20分布系统中,所有连在一条DQ线上的DS18B20依靠各自的序号采用分时的方式与主控器"点对点"通信。当然,如果系统只使用一只DS18B20时,可以跳过对序列号的寻址,主控器直接与其通信,以简化编程;

(3)可以方便地实现"一线制"的"单主机-多从机"的分布式温度采集系统;

(4)几乎不需要其他外接元件(只需要一个"上拉电阻");

(5)在特定场合下,芯片可通过数据线DQ供电,不需要备份电源;

(6)测量范围:−55～+125℃,分辨率为0.0625℃。数据格式为二进制补码方式 ;

(7)典型的采集转换时间为1秒;

(8)芯片可以为用户提供"非易失性"温度报警装置;

(9)可以广泛地应用于恒温控制、工业系统、消费类产品、温度计等热敏场合。

10.2 单总线系统的通信协议

单总线系统在空闲状态下呈高电平,单总线的任何操作都必须从空闲状态开始。

10.2.1 初始化

所有的处理过程都是从初始化开始的,初始化的内容包括:

- 主机(单片机)发出一个复位脉冲;
- 从机(DS18B20)反馈回一个应答脉冲。

上述的过程非常类似于 I²C 总线的启动与应答过程,即主机发送完复位信号后释放总线、进入接收状态以便接收 DS18B20 的应答脉冲。初始化的时序图参见图 10-3。

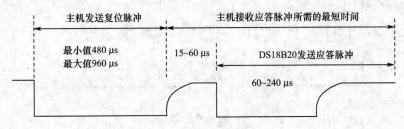

图 10-3　DS18B20 初始化过程的时序图

10.2.2　通信协议

DS18B20 由严格的通信协议来保证各位数据的正确性和完整性。在 DS18B20 的通信协议中,规定了复位脉冲、应答脉冲、写 0、写 1、读 0 和读 1 等几种信号的时序。除了应答脉冲,其他信号都由主控器(单片机)控制。

(1)写时序:主控器将数据线(DQ)由空闲状态下的高电平拉低来作为一个写周期的开始。写时序有两种类型:写 0 和写 1。无论是写 0 或写 1,其维持时间至少要 60 μs,而两个写周期至少要有 1 μs 的恢复间隔期,时序参见图 10-4。

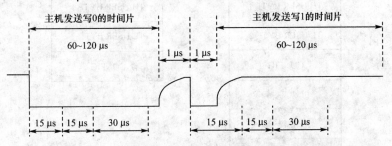

图 10-4　主控器的写时序图

DS18B20 在 DQ 线电平被拉低后的 15～60 μs 时间内对 DQ 线电平进行采样。若 DQ 线为高电平,则写入一位 1;若 DQ 线为低电平,则写入一位 0。在时序图中可以看到:主控器在写 1 时,要先将 DQ 线拉低(1 μs),然后在 15 μs 时间内将 DQ 线拉高,以便 DS18B20 采样。在主控器写 0 周期时也应将 DQ 线拉低并至少保持 60 μs 以上的时间。

(2)读时序:主控器将 DQ 线拉低至少 1 μs 时间作为读周期的开始,然后释放总线。而 DS18B20 输出的数据则在 DQ 线被拉低过后的 15 μs 时间内输出有效。

应该注意以下两点:

- 在此期间主控器应尽快释放总线出高电平,以便于 DS18B20 占用总线、输出数据;
- 在此 15 μs 时间内主控器必须读取 DQ 数据。读取一位数据至少要大于 60 μs 的时间,读取两位数据至少要有 1 μs 的间隔时间。主控器读时序如图 10-5 所示。

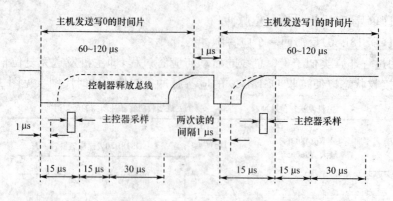

图 10-5　主控器的读时序图

10.3　DS18B20 内部存储器结构

在 DS18B20 内部的数据存储器由两个部分构成(参见图 10-6)。

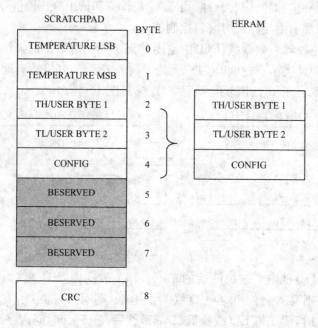

图 10-6　DS18B20 内部 RAM 结构图

10.3.1　高速暂存区(便签 RAM)

高速暂存区共有 9 个字节:

· 第 0、1 字节分别包含有测得的 12 位温度值。其中 0 字节为低 8 位字节(LSB)、1 字节为温度值的高位和符号位 S(MSB)。当温度为正时 S=0,温度为负时 S=1;

· 小数部分的处理:四位二进制数(16 种组合)。最小分辨率为 0.0625,四位小数可采用"查表"的方式转换为一个整数值,加上小数点和原有的 8 位整数"组装"出带小数的温度值。细节如表 10-1 所示：

2^3	2^2	2^1	2^0	2^{-1}	2^{-2}	2^{-3}	2^{-4}	LSB
MSB			(unit=℃)				LSB	
S	S	S	S	S	2^6	2^5	2^4	MSB

表 10-1　　　　　　第 0、1 字节温度数据定义示意图

TEMPERATURE	DIGITAL OUTPUT(Binary)	DIGITAL OUTPUT(Hex)
+125℃	0000 0111 1101 0000	07D0h
+85℃	0000 0101 0101 0000	0550h
+25.0625℃	0000 0001 1001 0001	0191h
+10.125℃	0000 0000 1010 0010	00A2h
+0.5℃	0000 0000 0000 1000	0008h
0℃	0000 0000 0000 0000	0000h
−0.5℃	1111 1111 111 1000	FFF8h
−10.125℃	1111 1111 0101 1110	FF5Eh
−25.0625℃	1111 1110 0110 1111	FF6Fh
−55℃	1111 1100 1001 0000	FC90h

• 第 2、3 字节为温度触发器(上线、下线报警温度值 TH/TL,用户也可以作为其他用途);

• 第 4 字节为控制寄存器 CONFIG 。其中寄存器中的 R1、R0 的设定值决定了采集温度的分辨率。出厂时 R1、R0 位被设定为 12 位精度(R1、R0=11B),如表 10-2 所示。

• 第 5、6、7 字节为系统保留字;

• 第 8 字节包含一个循环冗余校验 CRC 值。

0	R1	R0	1	1	1	1	1
MSB							LSB

bit 0~4 在写操作时无效,但读出时总为 1。

bit 7 在写操作时无效,但读出时总为 0。

表 10-2　　　　　第 4 字节的控制寄存器结构及 R1、R0 设定示意图

R1	R0	Thermometer Resolution	Max Conversion Time	
0	0	9 bit	93.75 ms	$(t_{conv}/8)$
0	1	10 bit	187.5 ms	$(t_{conv}/4)$
1	0	11 bit	375 ms	$(t_{conv}/2)$
1	1	12 bit	750 ms	(t_{conv})

10.3.2　非易失性的 EERAM 区

非易失性 EERAM 区有三个字节,其中便签区的第 2、3、4 字节单元与 EERAM 的三个字节为映射关系,即芯片每次上电时,都会将 EERAM 三个单元中的内容"重新调出 EERAM(Recall EERAM)"到高速暂存 RAM 的 2、3 和 4 单元中。

还可以通过"复制暂存存储器(Copy Scratchpad)"命令将 RAM 中三个单元的数据写入 EERAM 的三个单元,以便利用上电或执行"重新调出 EERAM(Recall EERAM)"命令将 EERAM 三个单元数据回传到 RAM 的三个单元中(芯片每次上电都会自动执行重新调出操作)。这种设计充分利用 EERAM 的"非易失性"的特点来存储一些重要的数据,如温度的上限、下限报警值,以及CONFIG数据等。

10.3.3　关于DS18B20温度数据的处理算法

DS18B20的输出数据为二进制补码。当数据的最高位为"0"时表明温度为正;如果最高位为"1",则温度为负(参见表10-1)。对于负数可采取"取反加1"的算法求出数据的绝对值。

数据的低四位为小数部分,共有16种组合。如果温度为正数,可以采用查表的方法求出小数数据的有效值数据,再与整数部分"拼出"完整的数据;如果是负温度数据时,首先求出数据的绝对值,再对小数部分的4位查表即可,如表10-3所示。

表10-3　　DS18B20的小数部分(正数数值)与温度的对应关系

小数的4位二进制数	对应的温度数据(小数部分)℃
0000	0.0
0001	0.0625
0010	0.125
0011	0.1875
0100	0.25
0101	0.3125
0110	0.375
0111	0.4375
1000	0.5
1001	0.5625
1010	0.625
1011	0.6875
1100	0.75
1101	0.8125
1110	0.875
1111	0.9375

10.4　DS18B20的操作流程及指令说明

10.4.1　DS18B20的操作流程

DS18B20的操作流程如下:
- 初始化;
- ROM操作命令;
- 存储器和控制操作命令;
- 处理数据。

10.4.2　ROM操作命令

以单总线方式工作的DS18B20,在ROM操作未建立之前不能使用存储器和控制操

作,因此主机必须首先提供五种操作命令之一:

(1)Read ROM(读 ROM)操作。代码:33H;

(2)Match ROM(匹配/符合 ROM)操作。代码:55H;

(3)Search ROM (搜索 ROM)操作。代码:F0H;

(4)Skip ROM (跳过 ROM)操作。代码:CCH;

(5)Alarm Search (告警搜索)操作。代码:ECH。

这些命令是对芯片内部的 64 位 ROM 进行部分相关的操作,如果在一条 DQ 线上有多个 DS18B20,则主控器可以通过这类指令挑选出所需要的器件。在初始化操作后,主控器一旦发现从属器件的存在,就可以发出五个命令之一。所有的命令都是 8 位型号的。

(1)Read ROM(读 ROM)操作:该命令是主控器读取 DS18B20 的 8 位产品型号序列编码、唯一的器件 48 位序列号和 8 位的 CRC(共 64 位 ROM 数据)。注意,此命令只能在 DQ 线上只有一个 DS18B20 的情况下使用。

(2)Match ROM(匹配/符合 ROM)操作:该命令后面跟以主控器发出的 64 位的 ROM 数据序列,对 DQ 线上多个从器件进行选址。只有与其 64 位数据完全相同的从器件才能对该命令做出响应,而其他与之不符的从器件不做响应,只是等待主控器发出的初始化操作。

(3)Search ROM (搜索 ROM)操作:当系统开始工作时,主控器不知道 DQ 线上从器件的数量和 64 位 ROM 数据。搜索命令允许使用一种"消去"法来识别所有从器件的 64 位 ROM 数据。

(4)Skip ROM (跳过 ROM)操作:在单点系统中,此命令允许主控器不提供 64 位 ROM 编码而访问从器件以简化操作、节省时间。

(5)Alarm Search (告警搜索)操作:此命令与 Search ROM (搜索 ROM)流程相同,只是在最近一次测量出现告警的情况下才对此命令做出响应。

10.4.3　存储器和控制操作命令

在成功地执行了 ROM 操作命令后,可以使用存储器和控制操作。主机可以使用六种存储器和控制操作命令之一。

一个操作命令指示 DS18B20 完成温度检测,该检测结果存放于 DS18B20 内部的第 0、1 字节单元中。通过发出读暂存存储器内容的存储器操作命令可以将次数据读出。另外,第 2、3 单元告警单元 TH、TL 是 EEPROM 的存储结构,如果不作为告警用途,此单元可由用户自行使用。

存储器和控制操作命令如下:

(1)写暂存寄存器(Write Scratchpad):将数据写于内部 RAM 的第 2 字节开始的单元(TH 单元),直到第 4 字节(CONFIG)。注意:完全写入三个字节后才能发出复位操作。

(2)读暂存寄存器(Read Scratchpad):读内部 RAM 的第 0 字节开始的单元。可以读到第 8 个字节(CRC)。如果没有必要读出所有内容,则主控器可以在需要的任何时候发出一个复位操作来中止读操作。

(3)复制暂存存储器(Copy Scratchpad):此命令的作用是将暂存寄存器(存储器)中的数据复制到 EEPROM 中。把温度触发器字节(告警值)送入非易失性的存储单元中。因为对 EEPROM 的写操作相对较慢,所以如果主控器在执行复制命令后再去发出读操作,DS18B20 会及时通过总线电平进行反馈:"0"电平表明器件正在进行向 EEPROM 写入数据;"1"表明复制过程已经结束。

(4)温度变换(Convert T):温度变换实际上就是一个启动温度转换的命令。只要向 DS18B20 发出变换命令,芯片就开始进行温度采集。因为温度的采集、转换需要时间,所以当主机发出变换命令后再发出读数据(温度值)时,器件同样以电平的方式表征温度变换是否结束:总线信号为"0"时表明 DS18B20 正忙于进行温度变换;反之,如果总线信号为"1"时,则表明 DS18B20 已完成对温度的变换。

(5)重新调出 EERAM(Recall EERAM):此命令将存储在 EERAM 中的温度触发器的值(告警值)重新调回到暂存存储器中。注意:这种重新调出的操作在 DS18B20 上电时会自动进行一次,以保证重要数据的上电恢复。主控器在发出此命令后再发出读数据命令时,DS18B20 会利用总线电平来表征芯片的状态:"0"电平表明芯片正处于从 EERAM 中读数据的忙状态;反之,1 电平表明芯片已完成从 EERAM 中读数据的操作。

(6)读电源(Read Power Supply):主控器发出此命令后,在 DS18B20 发出的第一个读出数据时间片期间会给出其自身的供电方式信息。"0"表示寄生电源供电,"1"表示外部电源供电。

10.5　单点 DS18B20 温度采集编程实验

(1)实验目的

学习掌握 DS18B20 数据采集的方法。

利用单片机 $P_{3.3}$ 与实验台上 B4 区的 DS18B20 的 DQ 线连接,转换后的温度数据(12 位中的 8 位整数部分)由 P1 口以二进制的形式输出,经过延时后继续。跳线 JP12 应当处于连接状态。将 DS18B20 设定为 12 位精度,读 ROM 操作选择"跳过"(不发序列号以简化编程)。

(2)实验要求

利用 DS18B20 采集、显示整数部分的 8 位温度值并利用 8 位 LED 显示。

(3)算法说明

DS18B20 芯片的编程对于操作顺序、流程,特别是对时序中的延时有着严格的要求,整个程序的重点在于 GET_TEM 子程序,所以认真分析程序的过程对于编程尤为重要。

以下是用汇编语言编写的程序清单,表 10-4 给出程序中各子程序的名称、功能以及入口和出口参数,图 10-7 为接口电路框图,图 10-8 为主程序流程图,图 10-9 为 DS18B20 读时序图,图 10-10 为 GET_TEMPER 流程图,图 10-11 为 READ_18200 流程图,图 10-12～图 10-15 分别为 DS18B20 初始化时序图、DS18B20 写时序图、初始化流程图和写流程图。

表 10-4	程序中各个子程序说明	
子程序名称	功　　能	入口、出口参数
GET_TEMPER	从 DS18B20 中读出 12 位温度数据。高位存入单片机的 RAM 的 35H 单元、低位存于 36H 单元	35H 单元:温度值高 4 位 36H 单元:温度值低 8 位
INIT_1820	初始化子程序(寻找 DS18B20 并建立标志)	FLAG1=1:DS18B20 存在 FLAG1=0:DS18B20 不存在
TEMPER_COV	将读出的 12 位温度数据去掉低 4 位并保存	8 位数据存 TEMPER_NUM 单元
WRITE_1820	向 DS18B20 中写入一个字节的数据	待写数据在累加器 A 中
READ_18200	从 DS18B20 中读出两个字节的温度数据	35H 单元:温度值高 4 位 36H 单元:温度值低 8 位

(4)准备工作

预习有关 DS18B20 芯片的工作原理和通讯协议。

(5)实验电路及连接

使用一条(8 线)排线,将 P1 口与 LED 连接,使用一条单线将 DS18B20 的 DQ 线与单片机的 $P_{3.3}$ 连接(如图 10-7 所示),B4 区内部连接已接好。

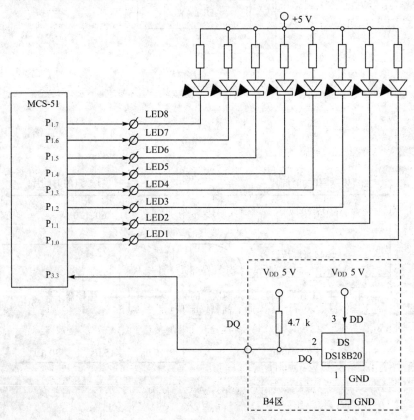

图 10-7　单总线 DS18B20 与单片机接口电路框图

（6）参考程序及流程图

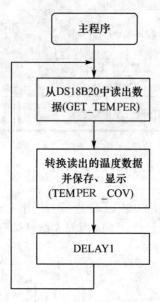

图 10-8　主程序流程图

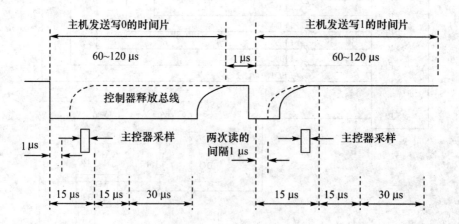

图 10-9　DS18B20 读时序图

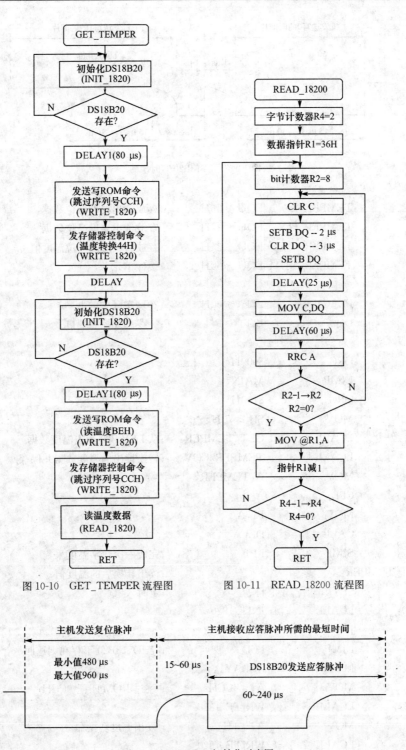

图 10-10　GET_TEMPER 流程图　　　　图 10-11　READ_18200 流程图

图 10-12　DS18B20 初始化时序图

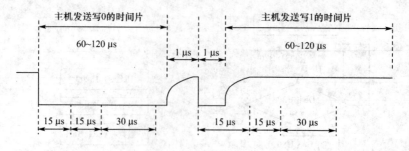

主机发送写0的时间片　　　　　　　主机发送写1的时间片

60~120 μs　　　　1 μs　1 μs　　60~120 μs

15 μs　15 μs　30 μs　　　15 μs　15 μs　30 μs

图 10-13　DS18B20 写时序图

TEMPER_L	EQU	36H	;存放读出温度低位数据
TEMPER_H	EQU	35H	;存放读出温度高位数据
TEMPER	EQU	34H	;存放转换后的 8 位温度值
TEMPER_NUM	EQU	60H	;缓冲单元
FLAG1	BIT	00H	;20H 单元中的 bit 位
DQ	BIT	$P_{3.3}$	;一线总线控制端口
	ORG	8000H	
	LJMP	MAIN	
	ORG	8100H	
MAIN:	MOV	SP,#70H	
LP1:	LCALL	GET_TEMPER	;从 DS18B20 读出温度数据
	LCALL	TEMPER_COV	;转换读出的温度数据并保存
	MOV	A,TEMPER	
	CPL	A	
	MOV	P1,A	
	CALL	DELAY	
	SJMP	LP1	;完成一次数字温度采集
GET_TEMPER:			;读出转换后的温度值
	SETB	DQ	;定时入口
BCD:	LCALL	INIT_1820	
	JB	FLAG1,S22	
	LJMP	BCD	;若 DS18B20 不存在则返回
S22:	LCALL	DELAY1	
	MOV	A,#0CCH	;跳过 ROM 匹配 0CCH
	LCALL	WRITE_1820	
	MOV	A,#44H	;发出温度转换命令
	LCALL	WRITE_1820	
	LCALL	DELAY	
CBA:	LCALL	INIT_1820	
	JB	FLAG1,ABC	

```
            LJMP        CBA
ABC：       LCALL       DELAY1
            MOV         A,#0CCH          ;跳过 ROM 匹配
            LCALL       WRITE_1820
            MOV         A,#0BEH          ;发出读温度命令
            LCALL       WRITE_1820
            LCALL       READ_18200       ;READ_18200
            RET


WRITE_1820:                              ;写 DS18B20 的程序
            MOV         R2,#8
            CLR         C
WR1：       CLR         DQ
            MOV         R3,#6            ;延时 24 μs
            DJNZ        R3,$
            RRC         A
            MOV         DQ,C
            MOV         R3,#23           ;延时 60 μs
            DJNZ        R3, SETB DQ      ;一个写周期至少要维持 60 μs 以上
            NOP                          ;离下一个写周期至少要有 1 μs 间隔
            DJNZ        R2,WR1
            SETB        DQ
            RET
READ_18200:                             ; 读 DS18B20 的程序,从 DS18B20 中读出两
                                        ;个字节的温度数据
            MOV         R4,#2            ;将温度高位和低位从 DS18B20 中读出
            MOV         R1,#36H    ;低位存入 36H(TEMPER_L),高位存入 35H(TEMPER_H)
RE00：MOV R2,#8
RE01：CLR C
            SETB        DQ
            NOP
            CLR         DQ               ;DQ=0
            NOP                          ;DS18B20 送数,主控器
            NOP                          ;必须完成 DQ 的采样
            SETB        DQ               ;主控器释放 DQ
            MOV         R3,#2
            DJNZ        R3,$             ;延时 10 μs
            MOV         C,DQ             ;取 DQ 数据位
            MOV         R3,#23           ;延时 60 μs
            DJNZ        R3, RRC A
            DJNZ        R2,RE01
```

```
              MOV        @R1,A
              DEC        R1
              DJNZ       R4,RE00
              RET
TEMPER_COV：                              ；将读出的数据进行转换
              MOV        A,#0F0H
              ANL        A,TEMPER_L      ；舍去小数点后的 4 位
              SWAP       A
              MOV        TEMPER_NUM,A
              MOV        A,TEMPER_L
              JNB        ACC.3,TEMPER_COV1   ；四舍五入去温度值
              INC        TEMPER_NUM

TEMPER_COV1：
              MOV        A,TEMPER_H
              ANL        A,#07H
              SWAP       A
              ADD        A,TEMPER_NUM
              MOV        TEMPER_NUM,A        ；保存变换后的温度数据
              MOV        TEMPER,TEMPER_NUM
              RET

INIT_1820：                              ；DS18B20 初始化程序
              SETB       DQ
              NOP
              CLR        DQ
              MOV        R0,#80H
TSR1：        DJNZ       R0,TSR1             ；延时 300 μs
              SETB       DQ
              MOV        R0,#25H             ；96 μs
TSR2：        DJNZ       R0,TSR2
              JNB        DQ,TSR3
              LJMP       TSR4                ；延时
TSR3：        SETB       FLAG1               ；置标志位
              LJMP       TSR5                ；DS18B20 存在
TSR4：        CLR        FLAG1               ；清标志位
              LJMP       TSR7                ；DS18B20 不存在
TSR5：        MOV        R0,#06BH            ；延时 200 μs
TSR6：        DJNZ       R0,TSR6
TSR7：        SETB       DQ
              RET
DELAY1：      MOV        R7,#20H             ；80 μs 延时
```

```
                  DJNZ          R7,$
                  RET
DELAY：           PUSH          00H
                  PUSH          01H
                  MOV           R0,#00
LP：              MOV           R1,#00H
                  DJNZ          R1,$
                  DJNZ          R0,LP
                  POP           01H
                  POP           00H
                  RET
                  END
```

请思考:将主程序中的"MOV A,TEMPER"指令修改为"MOV A,TEMPER_L",再运行程序,观察 LED 的温度数据显示状态与原程序有何区别? 为什么?

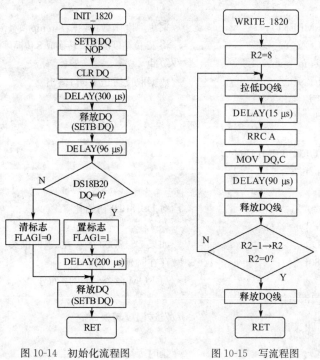

图 10-14　初始化流程图　　　图 10-15　写流程图

【采用 C 语言编写的参考程序】　利用 P1 口输出 DS18B20 中 12 位温度数据中的 8 位整数温度值。

```c
#include "reg51.h"
#include "intrins.h"
#define DELAY5US  _nop_();
sbit DQ=P3^3;
//************函数声明**************
unsigned char GET_TEMPER();
unsigned char temp[2],temp_num;
void INIT_1820();                    //初始化函数
```

```
void TEMP_COV();                      //温度转换函数
void WRITE_1820(unsigned char datax); //写 DS18B20 函数
void READ_1820();                     //读 DS18B20 函数
void DELAY60US();
void DELAY80US();
void DELAY300US();
void DELAY();
unsigned char FLAG1;
//* * * * * * * * * * * *主函数* * * * * * * * * * * * * * * * * * * *
main()
{
    unsigned char datay;
    P1=0xff;
    while(1)
    {
        GET_TEMPER();              //采集温度函数(数据在 temp[0]、temp[1]中)
        TEMP_COV();                //将 12 位精度的数值转换成 8 位温度值在 temp_num 中
        datay=temp_num;            //缓冲
        P1=~datay;                 //数据取反后送 P1 口输出
        DELAY();
    }
}
unsigned char GET_TEMPER()
{   unsigned char i;
    DQ=1;
BCD:INIT_1820();                  //对 DS18B20 初始化
    if(FLAG1! =1)
    goto BCD;                     //如果 DS18B20 不存在,返回继续
    DELAY80US();                  //存在时延时
    i=0xcc;                      //写 ROM 命令(跳过序列号)
    WRITE_1820(i);
    i=0x44;                      //发送温度转换命令
    WRITE_1820(i);
    DELAY();                     //延时等待转换
CBA:INIT_1820();                  //对 DS18B20 初始化
    if(FLAG1! =1)
    goto CBA;                     //如果 DS18B20 不存在,返回继续
    DELAY80US();                  //存在时延时
    i=0xcc;                      //写 ROM 命令(跳过序列号)
    WRITE_1820(i);
    i=0xbe;                      //发出读温度命令
    WRITE_1820(i);
    READ_1820();                 //READ_1820
}
```

```
void INIT_1820()
{   DQ=1;
    _nop_();
    DQ=0;
    DELAY300US();
    DQ=1;
    DELAY80US();
    if(DQ! =0x01) FLAG1=0x01;      //建立标志
      else FLAG1=0x00;
    DELAY300US();
    DQ=1;                          //释放总线
}


void WRITE_1820(unsigned char datax)
{   unsigned char i;
    for(i=0;i<8;i++)
    {   //DQ=0 后 15 μs 之内就应当把数据发送到 DQ 上
    DQ=0;
    _nop_();
    _nop_();
    _nop_();
    _nop_();
    _nop_();
    _nop_();
    _nop_();
    if(datax & 0x01)DQ=1;          //根据 datax 组装发送位 DQ
      else   DQ=0;                 //或者使用 DQ=datax&0x01;
    datax=datax>>1;
    DELAY60US();                   //DS18B20 在 DQ=0 的 15~60 μs 内采样 DQ
    DQ=1;
    _nop_();
    }
}
void READ_1820()                   //从 DS18B20 中连续读出两个字节温度值
{   unsigned char i,j;             //数据送 temp[2]中,其中 temp[0]为低 8 位
    for(i=0;i<2;i++)
    {   temp[i]=0xff;
        for(j=0;j<8;j++)
        {
        DQ=1;
        _nop_();
        DQ=0;                      //拉低 DQ
        _nop_();                   //维持 1 μs
```

```
            DQ=1;                    //释放 DQ

            _nop_();                 //DQ=0 后 15 μs 内主控器必须完成采样 DQ
            temp[i]=temp[i]>>1;
            if(DQ==1) temp[i]=temp[i]|0x80;
              else temp[i]=temp[i]&0x7f;
            DELAY60US();             //大于 60 μs 后释放 DQ
        }
    }
}


void TEMP_COV()          //将 temp[0]、temp[1]中的 12 位数值去掉低 4 位(小数)
{   unsigned char i,j;   //合并到 temp_num 中
    i=temp[0]&0xf0;
    i=i>>4;
    j=temp[1]<<4;
    temp_num=i|j;
}


void DELAY60US()
{   unsigned char i;
    for(i=0;i<6;i++);
}


void DELAY80US()
{   unsigned char i,j;
    for(i=0;i<8;i++)
      for(j=0;j<1;j++);
}


void DELAY300US()
{   unsigned char i,j;
    for(i=0;i<33;i++)
      for(j=0;j<1;j++);
}


void DELAY()
{   unsigned char i,j;
    for(i=0;i<255;i++)
      for(j=0;j<250;j++);
}
```

第11章

第 11 章　单片机综合设计选题

知识导入

　　以第 6 章至第 10 章的内容为基础,完成具有一定功能的综合设计题目,为读者提供一个近似于实际工程应用设计的实践机会。与前几章实验内容相比,综合设计类的题目强调的是综合设计能力,包括系统的整体设计、工程题目的模块化设计、流程图设计与规划、调试方法及纠错能力等。

　　综合设计不仅要求设计者要有扎实的单片机知识为基础,还要有较好的心理素质、良好的设计能力和编程能力。当然,通过综合设计可以有效地提高参与者的综合能力。这就是本章所要达到的目的。

　　本章的设计题目从简到繁具有不同的难度,参与者可以根据自己的能力选择适合自己的内容。不同的题目根据其难度分为 A、B、C、D 四个档次,A 的难度最大,C 的难度最小,配合教学要求给出不同的上限分数。参与者也可以自行拟定设计题目,但必须保证两点:具有可行性、具有实用价值,要与指导老师共同协商并获得准许。

　　以表格的形式给出设计的题目、具体要求和相关的说明,但参与者可以灵活掌握:只要满足题目的要求,其细节可以自行掌握。设计语言不作具体要求,但鼓励使用 C51 高级语言设计,以使设计更接近于实际工程的需要。关于综合设计的学时要求可根据实际情况确定(一般为整个实验学时的 50%,至少为 24 学时)。设计报告的示例可详见附录 4,如表 11-1。

表 11-1　　　　　　　　　　综合类设计题目一览表

序号	设计题目	相关说明	参考章节	难度
1	数字化(方波)函数发生器	【系统结构】 1. 由 TLC5620 数模转换器芯片做函数发生器; 2. 由 TLC549 模数转换器芯片和电位器配合、控制输出方波的幅度(或周期); 3. 由 12864LCD 屏显示波形的图形、周期和幅度等参数。 【设计要求】 1. 调节电位器实现对函数参数的控制:如方波的幅度或周期; 2. 利用 12864LCD 屏动态显示函数的参数; 3. 利用键盘设定参数(选作)。	第 6 章第 6、7 节 第 9 章 选作部分参见第 7、8 章	A

（续表）

序号	设计题目	相关说明	参考章节	难度
2	智能传感器设计	【系统结构】由一台实验台模拟智能传感器，将 ADC 电路采集的模拟电压进行处理： 1. 由电位器 W 产生模拟电压； 2. 由 ADC 模块采集电位器上的电压； 3. 由 SBF 串行口实现数据发送功能。 由另一台实验台模拟接收装置： 1. SBF 串行接口实现接收； 2. 由 LCD 或数码管实现数据显示功能。 【设计要求】 1. 发送方的 ADC 模块能够随时动态采集模拟电压的变化，并可以在本机上显示； 2. 发送方还要完成将数据串行发送的任务； 3. 接收方将接收到的数据利用 LCD 或数码管进行显示； 4. 接收方可以设定数据上、下限的报警； 5. 报警值可设定（选作）。 【设计步骤】 要求：模块化设计，首先在一台设备上分别调试数据采集、数据显示的功能。完成后再采用"脱机 Flash"模式在两台机器上对串口通信进行统调。	第 6 章第 5、6 节 第 9 章	B
3	单总线高精度温度采集系统	【系统结构】 1. 由 DS18B20 实现对温度的采集； 2. 由 12864LCD 屏构成温度显示系统。 【设计要求】 1. 启动 DS18B20 进行 12 位高精度环境温度采集； 2. 利用 12864LCD 屏/数码管显示数据； 3. 具有温度上限声光报警； 4. 可以通过键盘设定报警上限值（选作）。	第 10 章 第 9 章 第 8 章	B
4	歌曲播放器设计	【系统结构】 1. 利用定时器驱动蜂鸣器产生不同的音阶； 2. 由不同的音阶组合出一首歌曲。 【设计要求】 1. 歌曲的播放可由按键开关 SW1 控制； 2. 歌曲的音阶、节拍和休止符要准确。	第 6 章第 4 节	C

（续表）

序号	设计题目	相关说明	参考章节	难度
5	基于 PWM 的开关电源设计	【系统结构】 1. 由定时器产生 PWM 波信号； 2. 由 $P_{1.0}$ 输出 PWM 波信号； 3. 将 $P_{1.0}$ 输出接到 B6 区上的 PWM 电压转换电路（积分器）的输入 PWM_IN； 4. 使用 1 K 电位器作假负载并接在"PWM 电压转换"电路的输出 PWM_OUT； 5. 利用 ADC 对 PWM_OUT 端的电压进行采集。 【设计要求】 1. 利用 $P_{1.0}$ 输出 PWM 波形，通过 PWM 电压转换模块（积分器）产生一个直流电压，用 10 K 电位器作负载，改变电位器阻值时，输出电压会有波动（开环系统）； 2. 由 ADC 模块采集 PWM_OUT 端负载电压； 3. 设计一个算法：当负载电阻变化而影响直流电压时，控制、改变 PWM 的占空比而使电压稳定不变，实现对电压的"闭环"调节，使输出电压稳定（推荐电压值＜ 2 V）； 4. 能够设定输出电压的电压值（选作）。 【调试要求】 1. 设定一个 SW1 进行"开环"或"闭环"两种模式选择以观察"闭环控制"的效果； 2. 将 ADC 采集的电压定性显示，观察效果。	第 6 章第 4、6 节 第 9 章	A
6	红外无线数据传输系统设计	【系统结构】使用一台设备的 BUF 接收、发送缓冲器来模拟两台设备之间的通信。 1. 由 ADC 模块对模拟电压进行检测； 2. 由串口发送的 BUF 负责发送； 3. 串口的 TXD 与红外线发送端连接、RXD 与红外线接收端连接。 4. 将 ADC 的数据进行红外发送，在发送与接收头附近使用一个纸板进行反射接收。 【设计要求】 在一台设备上的 SBUF 模拟两台设备之间的数据通讯。利用红外线发送、接收。 【设计步骤】 1. 分别调试发送方的采集程序和接收方的显示程序模块； 2. 利用"脱机 Flash"模式对通信进行统调，先采用导线将串口的 RXD、TXD 连接，正常后改用红外线通信。	第 6 章第 5、6 节 第 9 章	A
7	基于 128×64 LCD 时钟系统设计	【系统结构】 1. 由 PCF8563T 日历芯片提供时间数据； 2. 由 12864LCD 屏显示时间数据。 【设计要求】 1. 编制 I^2C 通信程序，读取 PCF8563T 日历芯片的时间参数； 2. 将时间数据通过 12864LCD 的 LCD 屏显示； 3. 能够通过键盘修改时间、整点报时（模仿电台报时的方式——六声）。	第 8 章 第 9 章	B
8	自动报时系统设计	同第 7 项，增加 8：00、11：30、12：30、17：00 4 个报时功能。采用 5 秒钟的声光报警。	（同上）	

（续表）

序号	设计题目	相关说明	参考章节	难度
9	数字电机转速控制系统设计	【系统结构】 1.使用直流或步进电机作为被控对象； 2.使用键盘设定电机的转速； 3.也可以使用 ADC 模块通过电位器抽头上的直流电压控制电机的转速。 【设计要求】 利用键盘/电位器来设定/控制直流电机（或步进电机）的转速。	第 6 章第 4 节 第 8 章	B
10	电冰箱制冷压缩机模拟控制系统	【系统结构】 1.使用步进电机模拟压缩机； 2.使用直流电机模拟循环风扇； 3.利用 DS18B20 进行温度采集。 【设计要求】 1.当温度高于某一值时启动压缩机运行（电机运行的转速与温差有关——温差越大，转速越高）(选作)； 2.利用 LCD 或数码管实现箱内温度、给定温度显示； 3.具有压缩机保护功能（停机后 10 秒钟内不能再启动——实际是 3 分钟）。 4.使用 SW1 模拟箱门开关：开门时冷风扇停转，开门时间超过 20 秒时蜂鸣器报警； 5.使用一个 LED 模拟冰箱开门后的照明灯； 6.可以通过键盘来设定制冷温度。	第 6 章第 4 节 第 8 章 第 9 章	A
11	数字模拟电压表设计	【设计要求】 1.利用电位器产生连续可变的模拟电压，经 ADC 模块转换、数据处理转换为与电压值对应的数据，并通过 LCD 或数码管显示； 2.在调试程序时应配合数字万用表对 ADC 采集的电压进行数字校正，使显示的数据等于实际电压。	第 6 章第 6 节 第 9 章	C
12	电梯运行控制系统	【设计要求】 利用步进电机模拟电梯的升降电机。作如下设定： 1.楼层数为 8 层； 2.每楼层之间电机需运转 20 圈； 3.使用 K7～K0 分别模拟 8～1 楼层的呼叫开关； 4.利用 LED7～LED0 分别作 8～1 楼层电梯位置运行显示； 5.电梯的初始状态在 1 楼。 【提示】 设计三个计数器分别作为： 1.电机节拍计数器； 2.电机圈数计数器（首先测试一圈为多少拍）； 3.楼层计数器（1～8 层）。	第 6 章第 4 节	B

附　录

附录1　由汇编语言编写的 I²C 通讯子程序

【提示】　下列程序的系统时钟为 12 MHz(或 11.0592 MHz),即 NOP 指令为 1 μs 左右。

(1)带有内部单元地址的多字节写操作子程序 WRNBYT(如图1所示)

```
;* * * * * * * * * * * * * * * * * * * * * * * * * * * * * * *
;通用的 I²C 通讯子程序(多字节写操作)
;R7:入口参数字节数
;R0:源数据块首地址
;R2:从器件内部子地址
;R3:外围器件地址(写)
;相关子程序⑧WRBYT、STOP、CACK、STA
;* * * * * * * * * * * * * * * * * * * * * * * * * * * * * * *
WRNBYT: PUSH    PSW
        PUSH    ACC
WRADD:  MOV     A,R3          ;取外围器件地址(包含 R/W=0)
        LCALL   STA           ;发送起始信号 S
        LCALL   WRBYT         ;发送外围地址
        LCALL   CACK          ;检测外围器件的应答信号
        JB      F0,WRADD      ;如果应答不正确返回重来
        MOV     A,R2
        LCALL   WRBYT         ;发送内部寄存器首地址
        LCALL   CACK          ;检测外围器件的应答信号
        JB      F0,WRADD      ;如果应答不正确返回重来
WRDA:   MOV     A,@R0
        LCALL   WRBYT         ;发送外围地址
        LCALL   CACK          ;检测外围器件的应答信号
        JB      F0,WRADD      ;如果应答不正确返回重来
        INC     R0
        DJNZ    R7,WRDA
        LCALL   STOP
        POP     ACC
```

```
            POP      PSW
            RET
```

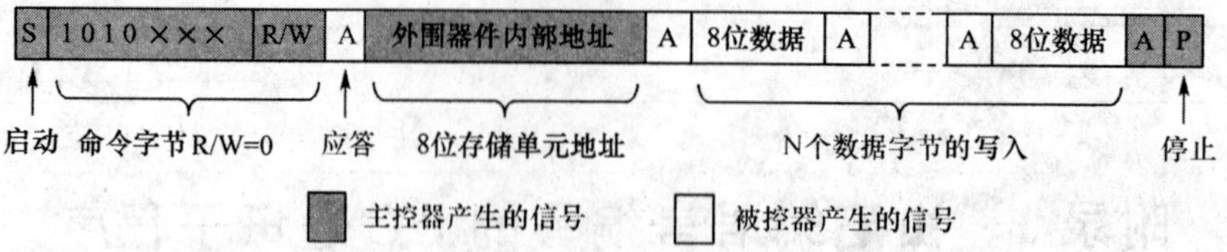

;＊＊＊＊＊＊＊＊＊＊＊＊＊＊＊＊＊＊＊＊＊＊＊＊＊＊＊＊＊＊＊＊＊＊

| S | 1010××× | R/W | A | 外围器件内部地址 | A | 8位数据 | A | --- | A | 8位数据 | A | P |

启动 命令字节R/W=0   应答   8位存储单元地址   N个数据字节的写入   停止

■ 主控器产生的信号   □ 被控器产生的信号

图1 连续写入N个字节数据的帧格式

（2）带有内部单元地址的多字节读操作子程序 RDADD（如图 2 所示）

;＊＊＊＊＊＊＊＊＊＊＊＊＊＊＊＊＊＊＊＊＊＊＊＊＊＊＊＊＊＊＊＊＊＊
;通用的 I^{2}C 通讯子程序(多字节读操作)
;R7：入口参数,字节数
;R0：目标数据块首地址
;R2：从器件内部子地址
;R3：器件地址（写）
;R4：器件地址（读）
;相关子程序⑧WRBYT、STOP、CACK、STA、MNACK
;＊＊＊＊＊＊＊＊＊＊＊＊＊＊＊＊＊＊＊＊＊＊＊＊＊＊＊＊＊＊＊＊＊＊

```
RDADD：   PUSH    PSW       ;从 PCF8563 的 02H 单元读入 7 个参数
          PUSH    ACC       ;存放于 20H～26H 单元
RDADD1：  LCALL   STA
          MOV     A,R3      ;取器件地址（写）
          LCALL   WRBYT     ;发送外围地址
          LCALL   CACK      ;检测外围器件的应答信号
          JB      F0,RDADD1 ;如果应答不正确返回重来
          MOV     A,R2      ;取内部地址
          LCALL   WRBYT     ;发送外围地址
          LCALL   CACK      ;检测外围器件的应答信号
          JB      F0,RDADD1 ;如果应答不正确返回重来
          LCALL   STA
          MOV     A,R4      ;取器件地址（读）
          LCALL   WRBYT     ;发送外围地址
          LCALL   CACK      ;检测外围器件的应答信号
          JB      F0,RDADD1 ;如果应答不正确返回重来
RDN：     LCALL   RDBYT
          MOV     @R0,A
          DJNZ    R7,ACK
          LCALL   MNACK
          LCALL   STOP
          POP     ACC
```

```
                POP        PSW
                RET
ACK：           LCALL      MACK
                INC        R0
                SJMP       RDN
```

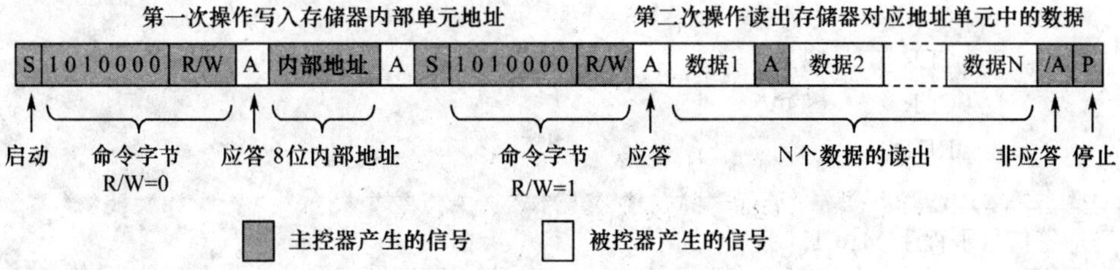

第一次操作写入存储器内部单元地址　　　　　第二次操作读出存储器对应地址单元中的数据

| S | 1010000 | R/W | A | 内部地址 | A | S | 1010000 | R/W | A | 数据1 | A | 数据2 | ⋯ | 数据N | /A | P |

　启动　　命令字节　　应答　8位内部地址　　命令字节　　应答　　　N个数据的读出　　　非应答　停止
　　　　　R/W=0　　　　　　　　　　　　　　R/W=1

　　　■ 主控器产生的信号　　　　□ 被控器产生的信号

图 2　连续读取外围器件中 N 个数据的帧格式

(3)I²C 各个信号子程序

```
;* * * * * * * * * * * * * * * * * * * * * * * * * * * * * * * * *
;启动信号子程序
;* * * * * * * * * * * * * * * * * * * * * * * * * * * * * * * * *
STA：        SETB       SDA         ;启动信号 S
             SETB       SCL
             NOP                    ;产生 4.7 μs 延时
             NOP
             NOP
             NOP
             NOP
             CLR        SDA
             NOP                    ;产生 4.7 μs 延时
             NOP
             NOP
             NOP
             NOP
             CLR        SCL
             RET

;* * * * * * * * * * * * * * * * * * * * * * * * * * * * * * * * *
;停止信号子程序
;* * * * * * * * * * * * * * * * * * * * * * * * * * * * * * * * *
STOP：       CLR        SDA         ;停止信号 P
             SETB       SCL
             NOP                    ;产生 4.7 μs 延时
             NOP
             NOP
             NOP
             NOP
```

```
              SETB      SDA
              NOP                          ;产生 4.7 μs 延时
              NOP
              NOP
              NOP
              NOP
              CLR       SCL
              CLR       SDA
              RET
;* * * * * * * * * * * * * * * * * * * * * * * * * * * * * * * * * * *
;应答信号子程序 MACK
;* * * * * * * * * * * * * * * * * * * * * * * * * * * * * * * * * * *
MACK:         CLR       SDA                ;发送应答信号 ACK
              SETB      SCL
              NOP                          ;产生 4.7 μs 延时
              NOP
              NOP
              NOP
              NOP
              CLR       SCL
              SETB      SDA
              RET
;* * * * * * * * * * * * * * * * * * * * * * * * * * * * * * * * * * *
;非应答信号子程序 MNACK
;* * * * * * * * * * * * * * * * * * * * * * * * * * * * * * * * * * *
MNACK:        SETB      SDA                ;发送非应答信号 NACK
              SETB      SCL
              NOP                          ;产生 4.7 μs 延时
              NOP
              NOP
              NOP
              NOP
              CLR       SCL
              CLR       SDA
              RET
;* * * * * * * * * * * * * * * * * * * * * * * * * * * * * * * * * * *
;应答检测子程序 CACK
;* * * * * * * * * * * * * * * * * * * * * * * * * * * * * * * * * * *
CACK:         SETB      SDA                ;应答位检测子程序
              SETB      SCL
              CLR       F0
              MOV       C,SDA              ;采样 SDA
```

```
              JNC       CEND            ;应答正确时转 CEND
              SETB      F0              ;应答错误时 F0 置 1
CEND:         CLR       SCL
              RET
```

;* *
;发送一个字节子程序 WRBYT
;* *

```
WRBYT:        PUSH      06H
MOV           R6,#08H                   ;发送一个字节子程序
WLP:          RLC       A               ;入口参数 A
              MOV       SDA,C
              SETB      SCL
              NOP                       ;产生 4.7 ms 延时
              NOP
              NOP
              NOP
              NOP
              CLR       SCL
              DJNZ      R6,WLP
              POP       06H
RET
```

;* *
;接收一个字节子程序 RDBYT
;* *

```
RDBYT:        PUSH      06H
              MOV   R6,#08H             ;接收一个字节子程序
RLP:          SETB      SDA
              SETB      SCL
```

;   *

```
              NOP                       ;产生大于 15 μs 的延时
              NOP                       ;注意这是专门为 ZLG7290B
              NOP                       ;添加的 20 μs 延时部分
              NOP
              NOP
              NOP
              NOP
              NOP
              NOP
              NOP
              NOP
              NOP
              NOP
```

```
                NOP
                NOP
;    * * * * * * * * * * * * * * * * * * * * * * * * * * * * * *
                MOV     C,SDA
                MOV     A,R2
                RLC     A
                MOV     R2,A
                CLR     SCL
                DJNZ    R6,RLP            ;出口参数 R2
                POP     06H
RET
;    * * * * * * * * * * * * * * * * * * * * * * * * * * * * * *
```

附录 2   由 C 语言编写的 I²C 通讯子函数

```
#include "reg51. h"
#include "intrins. h"
#define   DELAY5US   _nop_();
sbit    SDA=P1^0;
sbit    SCL=P1^1;
// 以上的内容如果在主函数的前面已经包含、声明,可以省略
//#########################################
void STA(void)    //启动信号子函数
{  SDA=1;
   SCL=1;
   DELAY5US
   SDA=0;
   DELAY5US
   SCL=0;
}
//#########################################
void STOP(void)          //停止信号子函数
{  SDA=0;
   SCL=1;
   DELAY5US
   SDA=1;
   DELAY5US
}
//#########################################
void MACK(void)      //应答信号子函数
{  SDA=0;
```

```
    SCL=1;
    DELAY5US
    SCL=0;
    SDA=1;
}
//#############################################
void NMACK(void)    //非应答信号子函数

{   SDA=1;
    SCL=1;
    DELAY5US
    SCL=0;
    SDA=0;
}
//#############################################
void CACK(void)    //应答检测子程序
{
    SDA=1;
    SCL=1;
    DELAY5US
    F0=0;
    if(SDA==1)
    F0=1;
    SCL=0;
}
//#############################################
//              发送一个字节数据子程序 WRBYT
//#############################################
void WRBYT(unsigned char * p)
{   unsigned char i=8,temp;
    temp= * p;
    while(i——)
    {   if((temp&0x80)==0x80)
        {   SDA=1;
            SCL=1;
            DELAY5US
            SCL=0;
        }
        else
        {   SDA=0;
            SCL=1;
            DELAY5US
```

```
        SCL=0;
      }
      temp=temp<<1;
    }
}
//################################################
//接收一个字节数据子程序 RDBYT
//################################################
void RDBYT(unsigned char * p)
{  unsigned char i=8,temp=0;
   while(i--)
   {  SDA=1;
      SCL=1;
      DELAY5US
      temp=temp<<1;
      if(SDA==1)
        temp=temp|0x01;
      else
        temp=temp&0xfe;
      SCL=0;
   }
   * p=temp;
}
//################################################
//发送 N 个字节数据子程序 WRNBYT
//################################################
void WRNBYT(unsigned char * R3,unsigned char * R2,unsigned char * R0,unsigned char n)
{
loop:STA();
     WRBYT(R3);
     CACK();
     if(F0)
     goto loop;
     WRBYT(R2);
     CACK();
     if(F0)
     goto loop;
     while(n--)
     {  WRBYT(R0);
        CACK();
        if(F0)
        goto loop;
```

```
        R0++;
    }
    STOP();
}
//####################################
//接收 N 个字节数据子程序 RDNBYT
//####################################
//子函数入口参数说明:
//R3 是外部器件地址写,R4 是外部器件地址读,R2 是从器件内部子地址,R0 是目标数据块首地
//址,n 是要读的字节数
void RDNBYT(unsigned char * R3, unsigned char * R4, unsigned char * R2, unsigned char * R0,
unsigned char n)
{
loop1: STA();
    WRBYT(R3);
    CACK();
    if(F0)
    goto loop1;
    WRBYT(R2);
    CACK();
    if(F0)
    goto loop1;
    STA();
    WRBYT(R4);
    CACK();
    if(F0)
    goto loop1;
    while(n--)
    {   RDBYT(R0);
        if(n>0)
        {
            MACK();
            R0++;
        }
        else NMACK();
    }
    STOP();
}
//####################################
```

附录 3　MCS-51 单片机指令系统一览表

表 1　（一）数据传送类指令（28 条）

序号	助记符	指令功能	对标志位影响				操作码
			Cy	AC	OV	P	
1	MOV A,Rn	A←Rn	×	×	×	√	E8H~EFH
2	MOV A,direct	A←(direct)	×	×	×	√	E5H
3	MOV A,@Ri	A←(Ri)	×	×	×	√	
4	MOV A,＃data	A←data	×	×	×	√	
5	MOV Rn,A	Rn←A	×	×	×	×	F8H~FFH
6	MOV Rn,direct	Rn←(dircet)	×	×	×	×	A8H~AFH
7	MOV Rn,＃data	Rn←data	×	×	×	×	78H~7FH
8	MOV direct,A	direct←A	×	×	×	×	F5H
9	MOV direct,Rn	direct←Rn	×	×	×	×	88H~8FH
10	MOV direct1,direct2	direct1←(direct2)	×	×	×	×	85H
11	MOV direct,@Ri	direct←(Ri)	×	×	×	×	86H,87H
12	MOV direct,＃data	direct←data	×	×	×	×	7H
13	MOV @Ri,A	(Ri)←A	×	×	×	×	F6H,F7H
14	MOV @Ri,direct	(Ri)←(direct)	×	×	×	×	A6H,A7H
15	MOV @Ri,＃data	(Ri)←data	×	×	×	×	76H,77H
16	MOV DPTR,＃data16	DPTR←data16	×	×	×	×	90H
17	MOVC A,@A+DPTR	A←(A+DPTR)	×	×	×	√	93H
18	MOVC A,@A+PC	A←(A+PC)	×	×	×	√	83H
19	MOVX A,@Ri	A←(Ri)	×	×	×	√	E2H,E3H
20	MOVX A,@DPTR	A←(DPTR)	×	×	×	√	E0H
21	MOVX @Ri,A	(Ri)←A	×	×	×	×	F2H,F3H
22	MOVX @DPTR,A	(DPTR)←A	×	×	×	×	F0H
23	PUSH direct	SP←SP+1,(direct)→(SP)	×	×	×	×	C0H
24	POP direct	direct←(SP),SP←SP←1	×	×	×	×	D0H
25	XCH A,Rn	A↔Rn	×	×	×	√	C8H,CFH
26	XCH A,direct	A↔(direct)	×	×	×	√	C5H
27	XCH A,@Ri	A↔(Ri)	×	×	×	√	C6H,C7H
28	XCHD A,@Ri	A3−0↔(Ri)−0	×	×	×	√	D6H,D7H

表2　　　　　　　　　　(二)算术运算指令(24 条)

序号	助记符	指令功能	对标志位影响				操作码
			Cy	AC	OV	P	
1	ADD A,Rn	A←A+Rn	√	√	√	√	28H~2FH
2	ADD A,direct	A←A+(direct)	√	√	√	√	25H
3	ADD A,@Ri	A←A+(Ri)	√	√	√	√	26H,27H
4	ADD A,#data	A←A+data	√	√	√	√	24H
5	ADDC A,Rn	A←A+Rn+Cy	√	√	√	√	38H~3FH
6	ADDC A,direct	A←A+(direct)+Cy	√	√	√	√	35H
7	ADDC A,@Ri	A←A+(Ri)+Cy	√	√	√	√	36H,37H
8	ADDC A,#data	A←A+data+Cy	√	√	√	√	34H
9	SUBB A,Rn	A←A−Rn−Cy	√	√	√	√	98H~9FH
10	SUBB A,direct	A←A−(direct)−Cy	√	√	√	√	95H
11	SUBB A,@Ri	A←A−(Ri)−Cy	√	√	√	√	96H,97H
12	SUBB A,#data	A←A−data−Cy	√	√	√	√	94H
13	INC A	A←A+1	×	×	×	√	04H
14	INC Rn	Rn←Rn+1	×	×	×	×	08H~0FH
15	INC direct	direct←(direct)+1	×	×	×	×	05H
16	INC @Ri	(Ri)←(Ri)+1	×	×	×	×	06H,07H
17	INC DPTR	DPTR←DPTR+1	×	×	×	×	A3H
18	DEC A	A←A−1	×	×	×	√	14H
19	DEC Rn	Rn←Rn−1	×	×	×	×	18H~1FH
20	DEC direct	direct←(direct)−1	×	×	×	×	15H
21	DEC @Ri	(Ri)←(Ri)−1	×	×	×	×	16H,17H
22	MUL AB	BA←A*B	0	×	√	√	A4H
23	DIV AB	A÷B=A……B	0	×	√	√	84H
24	DA A	对 A 进行 BCD 调正(紧跟加法指令)	√	√	√	√	D4H

表3　　　　　　　　　　(三)逻辑运算和移位指令(25 条)

序号	助记符	指令功能	对标志位影响				操作码
			Cy	AC	OV	P	
1	ANL A,Rn	A←A∧Rn	×	×	×	√	58H~5FH
2	ANL A,direct	A←A∧(direct)	×	×	×	√	55H
3	ANL A,@Ri	A←A∧(Ri)	×	×	×	√	56H,57H
4	ANL A,#data	A←A∧data	×	×	×	√	54H
5	ANL direct,A	direct←(direct)∧A	×	×	×	×	52H
6	ANL direct,#data	direct←(direct)∧data	×	×	×	×	53H
7	ORL A,Rn	A←A∨Rn	×	×	×	√	48H~4FH
8	ORL A,direct	A←A∨(direct)	×	×	×	√	45H
9	ORL A,@Ri	A←A∨(Ri)	×	×	×	√	46H,47H
10	ORL A,#data	A←A∨data	×	×	×	√	44H

（续表）

序号	助记符	指令功能	对标志位影响				操作码
			Cy	AC	OV	P	
11	ORL direct,A	direct←(direct)∨A	×	×	×	×	42H
12	ORL direct,♯data	direct←(direct)∨data	×	×	×	×	43H
13	XRL A,Rn	A←A⊕Rn	×	×	×	√	68H～6FH
14	XRL A,direct	A←A⊕(direct)	×	×	×	√	65H
15	XRL A,@Ri	A←A⊕(Ri)	×	×	×	√	66H,67H
16	XRL A,♯data	A←A⊕data	×	×	×	√	64H
17	XRL direct,A	direct←(direct)⊕A	×	×	×	×	62H
18	XRL direct,♯data	direct←(direct)⊕data	×	×	×	×	63H
19	CLR A	A←0	×	×	×	√	E4H
20	CPL A	A←/A	×	×	×	×	F4H
21	RL A	累加器循环左移	×	×	×	×	23H
22	RR A	累加器循环右移	×	×	×	×	03H
23	RLC A	带 Cy 位的累加器循环左移	√	×	×	√	33H
24	RRC A	带 Cy 位的累加器循环右移	√	×	×	√	13H
25	SWAP A	累加器低 4 位与高 4 位交换	×	×	×	×	C4H

表 4　　　　　　　　　　　　　**（四）控制转移指令(17 条)**

序号	助记符	指令功能	对标志位影响				操作码
			Cy	AC	OV	P	
1	AJMP addr11	PC10-PC0←addr11(2 K 范围以内的跳转)	×	×	×	×	&,0(注)
2	LJMP addr16	PC←addr16	×	×	×	×	02H
3	SJMP rel	PC←PC+2+rel	×	×	×	×	80H
4	JMP @A+DPTR	PC←(A+DPTR)	×	×	×	×	73H
5	JZ rel	若 A=0,则 PC←PC+2+rel 若 A≠0,则 PC←PC+2	×	×	×	×	60H
6	JNZ rel	若 A≠0,则 PC←PC+2+rel 若 A=0,则 PC←PC+2	×	×	×	×	70H
7	CJNE A,direct,rel	若 A≠(direct),则 PC←PC+3+rel 若 A=(direct),则 PC←PC+3 若 A≥(direct),则 Cy=0;否则 Cy=1	√	×	×	×	B5H
8	CJNE A,♯data,rel	若 A≠data,则 PC←PC+3+rel 若 A=data,则 PC←PC+3 若 A≥data,则 Cy=0;否则 Cy=1	√	×	×	×	B4H
9	CJNE Rn,♯data,rel	若 Rn≠data,则 PC←PC+3+rel 若 Rn=data,则 PC←PC+3 若 Rn≥data,则 Cy=0;否则 Cy=1	√	×	×	×	B8H～BFH
10	CJNE @Ri,♯data,rel	若(Ri)≠data,则 PC←PC+3+rel 若(Ri)=data,则 PC←PC+3 若(Ri)≥data,则 Cy=0;否则 Cy=1	√	×	×	×	B6H,B7H
11	DJNZ Rn,rel	Rn-1→Rn,若 Rn≠0,PC←PC+2+rel 若 Rn=0 则 PC←PC+2	×	×	×	×	D8H～DFH

（续表）

序号	助记符	指令功能	对标志位影响				操作码
			Cy	AC	OV	P	
12	DJNZ direct,rel	(direct)－1→direct, 若(direct)≠0,PC←PC＋3＋rel 若(direct)＝0 则 PC←PC＋3	×	×	×	×	D5H
13	LCALL addr11	PC←PC＋2 SP←SP＋1,(SP)←PCL SP←SP＋1,(SP)←PCH PC10－0←addr11　（2 K 范围以内的调用）	×	×	×	×	12
14	LCALL addr16	PC←PC＋3 SP←SP＋1,(SP)←PCL SP←SP＋1,(SP)←PCH PC←addr16	×	×	×	×	12H
15	RET	PCH←(SP), SP←SP－1 PCL←(SP), SP←SP－1	×	×	×	×	22H
16	RETI	PCH←(SP), SP←SP－1 PCL←(SP), SP←SP－1(清除优先级 flag)	×	×	×	×	32H
17	NOP	PC←PC＋1	×	×	×	×	00H

注&0:二进制指令代码＝(高字节)a10,a9,a8,0,0,0,0,1 ——(低字节)a7,a6,a5,a4,a3,a2,a1,a0;

&1:二进制指令代码＝(高字节)a10,a9,a8,0,0,0,0,1 ——(低字节)a7,a6,a5,a4,a3,a2,a1,a0。

表 5　　　　　　　　　　(五)位操作指令(17 条)

序号	助记符	指令功能	对标志位影响				操作码
			Cy	AC	OV	P	
1	CLR C	Cy←0	√	×	×	×	C3H
2	CLR bit	bit←0	×	×	×	×	C2H
3	SETB C	Cy←1	1	×	×	×	D3H
4	SETB bit	bit←1	×	×	×	×	D2H
5	CPL C	Cy←/Cy	√	×	×	×	B3H
6	CPL C	Cy←/(bit)	×	×	×	×	B2H
7	ANL C,bit	Cy←Cy∧(bit)	√	×	×	×	82H
8	ANL C,/bit	Cy←Cy∧/(bit)	√	×	×	×	80H
9	ORL C,bit	Cy←Cy∨(bit)	√	×	×	×	72H
10	ORL C,/bit	Cy←Cy∨/(bit)	√	×	×	×	A0H
11	MOV C,bit	Cy←(bit)	√	×	×	×	A2H
12	MOV bit,C	bit←Cy	×	×	×	×	92H
13	JC rel	若 Cy＝1,则 PC←PC＋2＋rel 若 Cy＝0,则 PC←PC＋2	×	×	×	×	40H
14	JNC rel	若 Cy＝0,则 PC←PC＋2＋rel 若 Cy＝1,则 PC←PC＋2	×	×	×	×	50H
15	JB bit,rel	若(bit)＝1,PC←PC＋3＋rel 若(bit)＝0, PC←PC＋3	×	×	×	×	20H
16	JNB bit,rel	若(bit)＝0,PC←PC＋3＋rel 若(bit)＝1,PC←PC＋3	×	×	×	×	30H

（续表）

序号	助记符	指令功能	对标志位影响				操作码
			Cy	AC	OV	P	
17	JBC bit,rel	若(bit)=1,PC←PC+3+rel 且 bit←0 若(bit)=0,则 PC←PC+3	×	×	×	×	10H

附录 4　DP-51PROC 单片机综合实验台模块资源一览表

表 6　　　　　　　　DP-51PROC 综合实验台模块资源一览表

序号	位置	模块名称	实现功能	主要元件与说明
1	A1	ISP 下载电路模块	1. 与 DPFlash 软件配合实现对 U13 插座上单片机的在线编程； 2. 实现 RS-232 串行通讯实验	U21:SP232A CZ1:9 孔插座 JP15:选择跳线 U13:单片机插座
2	A2	MUC 总线接口	提供 40 脚的单片机引脚信号	
3	A3	138 译码电路	可提供对总线信号的译码实验	U14:74HC138
4	A4	并转串实验电路	提供将并行数据转换成串行数据的功能	U32:74HC165
5	A5	串转并实验电路	提供将串行数据转换成并行数据的功能	U25:74HC164
6	A6、7	PARK1、2 扩展区	可扩展 USB1.1、USB2.0、CAN 总线	采用总线控制
7	B1	语音实验电路	实现语音的录放功能	U27:ZY1420A J101:MIC J94:SPEAKER
8	B2	非接触式 IC 卡电路	对非接触式 ZLG500A MF 卡的读写实验	U28:74HC00 U34:74HC4040
9	B3	LCD 实验区	对 128×64 点阵 LCD 显示模块的编程(并行接口)	J29:LCD12864
10	B4	温度采集电路	对 DS18B20 单总线温度传感器的编程	T1:DS18B20 JK127:DQ 数据线
11	B5	蜂鸣器电路 （交流驱动）	对蜂鸣器进行各种频率的驱动、发声的控制实验编程	B1:BUZZ Q11:8550 JK62:控制输入
12	B6	PWM 电压转换	用于对 PWM 信号的电压转换与驱动	U20:LM358 JK134:PWM 输入 JK135:PWM 输出
13	B7	基准电压源电路	为 ADC、DAC 电路提供基准参考电压源 V_{REF}	T2:TL431(2.5 V) JP157:基准输出 W3:基准调节 JP16:电源控制
14	B8	串行 ADC 实验电路	对串行接口的模数转换器编程实验	U31:TLC549CP
15	B9	串行 DAC 实验电路	对串行接口的数模转换器编程实验	U7:TLC5620
16	B10	直流电机驱动电路	实现对直流电机的驱动、控制实验	MG1:MOTOR AC JK60:控制输入 A JK61:控制输入 B JP18:电源控制
17	C1	电压接口区	提供±12 V、+5 V、GND 信号	
18	C2	逻辑笔	用于检测 TEST 端的 TTL 电平	U29:74HC00

（续表）

序号	位置	模块名称	实现功能	主要元件与说明
19	C3	LED 点阵电路	提供 16×16LED 点阵显示驱动	L6～9：LNM-788Bx U1、2：74HC595 U8、9：74HC595
20	C4	运算放大器电路	提供 4 个低功耗双电源独立运算放大器	U19：LM324
21	C5	电阻接口区	为运算放大器提供外接电阻	
22	C6	555 电路	提供与 555 电路相关的实验	U12：NE555P；
23	C7	继电器及驱动电路	提供与继电器相关的实验电路	K9：2×2 继电器 Q22：8550
24	C8	步进电机驱动电路	提供步进电机相关实验的电路	MS：步进电机 U33：ULN2003A
25	D1	独立的 LED、拨动开关、键盘电路	提供输出电平显示、开关量信号输出和键盘接口电路	J52：8LED 接口 J54：8 开关接口 J53：8 按键接口
26	D2	电位器电路	提供两个独立的不同阻值的电位器	W1：1 K 电位器 W2：10 K 电位器
27	D3	红外线收发电路	提供红外线收发的相关实验电路 （注意：红外接收为 38 K 选频接收，所以发送电路需加 38 K 左右的信号调制）	JK130：DATASEND JK131：DATACLOCK JK132：DATAREC
28	D4	RS-485 电路	提供串行通信的 RS-485 电平转换电路	U18：SP485E
29	D5	I²C 接口电路	提供三种具备 I²C 接口的芯片实验 1. 键盘扫描、LED 驱动芯片 U4 2. EEPROM 数据存储器 U6 3. 实时时钟（RTC）芯片 U5	U4：ZLG7290 U6：CAT24WC02 U5：PCF8563T
30	D6	接触式 IC 卡电路	提供接触式 IC 卡的编程实验	J102：读卡器

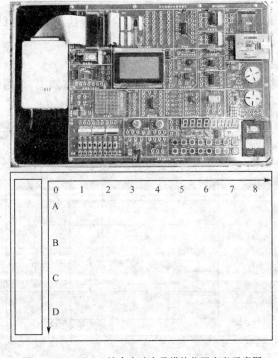

图 3　DP-51PROC 综合实验台及模块位置定义示意图

附录5　综合设计报告书样板示例

单片机综合设计题目及要求

1.题目:单片机自动报时系统

在实际工作中经常要用到报时控制系统,例如工厂、学校的作息时间。根据人为指定的方式在不同的时间输出一个或几个控制信号来控制相应的执行机构,完成不同的操作,例如报时、打铃、播放音乐等。

2.系统功能要求

(1)显示功能

• 时间显示功能:用8位数码管显示时、分、秒;

• 可以通过键盘来设定当前时间(时、分、秒)和用户的作息时间表。

(2)控制功能

使用蜂鸣器和2个LED指示灯(L1、L2)来实现作息时间表的控制操作:

• 08:00开始工作。蜂鸣器响、L1亮,2秒后各自关闭;

• 11:30午休。蜂鸣器响、L1亮,2秒后各自关闭,L2亮1小时后熄灭;

• 12:30下午工作开始。蜂鸣器响、L1亮,2秒后各自关闭,L2灭;

• 17:00下班。蜂鸣器响、L1亮,5秒后各自关闭。

3.硬件组成

(1)调试环境

以AT89C51为核心、利用DP-51PROC综合实验台、采用"在线仿真、调试"的模式实现上述功能。

(2)相关的外围器件

• 具有I^2C总线接口的键盘扫描,动态显示驱动芯片ZLG7290B;

• 具有I^2C总线接口的低功耗日历芯片PCF8563T等。

(3)参考电路如图4所示

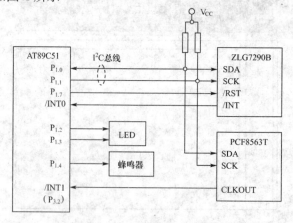

图4　综合设计的参考电路

4.设计步骤

(1)根据设计任务设计程序的流程图。采用模块化的设计思想,将整个设计任务模块化、分步完成;

(2)对单片机的存储单元进行分配,以满足各个程序模块的需求并做到存储资源的优化、合理地应用;

(3)整个程序的设计可以分为四个步骤:

①电子表的设计;

②加入键盘按键修改时间功能;

③加入报时功能(可以做成子程序结构并调用);

④修改报时时间。

5.设计报告的内容

(1)设计题目

(2)系统的功能及使用方法

(3)单片机的资源分配

• 存储资源的分配(各个变量、数据块的存储单元地址、存储数据的定义);

• 各个子程序的说明(标号地址、入口和出口参数、实现的功能)。

(4)程序的流程图

• 主程序的流程图;

• 几个主要的子程序的流程图;

• 相关的中断服务程序流程图。

(5)程序清单

要求:

• 按列整齐排列;

• 关键的地方要有必要的中文注释。

(6)整个单片机实验的体会和建议

6.设计及报告的要求

(1)运用各种调试手段,独立完成整个设计。在一些难点上同学之间可以就方法问题互相研究,但程序的编写、调试以及设计报告的书写必须独立完成。

(2)使用 A4 纸打印。

(3)设计验收一周后由班长或学委收齐(标明:班级人数、应交人数和实交人数)统一交办公室。如果因特殊原因没有上交报告的学生,班长或学委应标明名单和联系电话。

键值处理中断子程序参考流程图如图 5 所示

```
;* * * * * * * * * * * * * * * * * * * * * * * * * * * * * * * * * * * * * *
;键盘修改小时时间中断服务子程序 INT_7290(出口参数——14H 单元)
;* * * * * * * * * * * * * * * * * * * * * * * * * * * * * * * * * * * * * *
INT_7290：   PUSH   00H
            PUSH   02H
            PUSH   03H
```

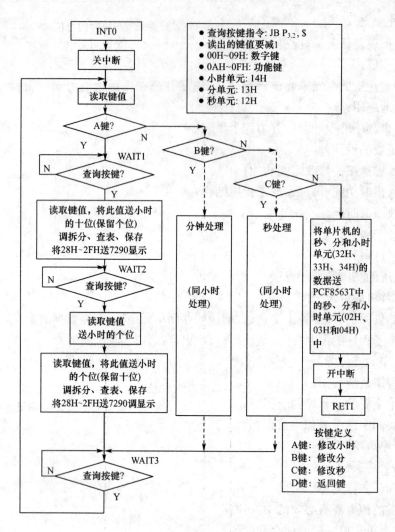

图 5　键盘处理程序流程图

```
        PUSH   04H
        PUSH   07H
        PUSH   ACC
        PUSH   PSW
        LCALL  RDKEY        ;读取第一个按键值(功能键)
        CJNE   A,#0AH,DOWN   ;判断是 A 键吗？不是返回
                            ;是 A 键时开始处理小时数据
AKEY:   JB     P3.2,$       ;以查询的方式等待下一次按键操作
        LCALL  RDKEY        ;读取第二个按键值(小时的十位数?)
        SWAP   A            ;将键值数据处理成小时数据的"十位"
        ANL    14H,#0FH
        ORL    14H,A        ;14H 单元中的"十位"数生成
        JB     P3.2,MYM     ;以查询的方式等待下一次按键操作
        LCALL  RDKEY        ;读取第三个按键值(小时的个位数)
```

```
          ANL    14H,#0F0H          ;将键值数据处理成小时的个位
          ORL    14H,A
          LCALL  WR8563             ;将修改后的时间参数送 PCF8563T
DOWN：    CLR    IE0                ;必须清标志
          POP    PSW
          POP    ACC
          POP    07H
          POP    04H
          POP    03H
          POP    02H
          POP    00H
          RETI
```

```
;* * * * * * * * * * * * * * * * * * * * * * * * * * * * * * * * *
;读键值子程序（出口参数累加器 A——获取到的键值）
;* * * * * * * * * * * * * * * * * * * * * * * * * * * * * * * *
RDKEY：   MOV    R0,#1FH            ;键值缓冲单元
          MOV    R7,#01H            ;取一个数据（键值）
          MOV    R2,#01H            ;指向内部数据键值寄存器地址
          MOV    R3,#WSLA_7290      ;取器件地址（写）
          MOV    R4,#RSLA_7290      ;取器件地址（读）
          LCALL  RDADD              ;读出 7290 的 01H 单元中的键值（参见附录 1）
          MOV    A,1FH              ;取键值送缓冲单元
          DEC    A
          RET
```

```
;* * * * * * * * * * * * * * * * * * * * * * * * * * * * * * * * *
;向日历芯片写入时间参数子程序
;将 RAM 的 10H~1DH 中的时间参数(含控制字)写入芯片的 00H~0DH 单元
;* * * * * * * * * * * * * * * * * * * * * * * * * * * * * * * * *
WR8563：   MOV    R7,#0EH            ;写入参数个数(时间和控制字)
          MOV    R0,#10H            ;参数和控制命令缓冲区首地址
          MOV    R2,#00H            ;从器件内部从地址
          MOV    R3,#WSLA_8563      ;准备向 PCF8563T 写入数据串
          LCALL  WRNBYT             ;写入时间、控制命令到 PCF8563T
          RET
```

```
;* * * * * * * * * * * * * * * * * * * * * * * * * * * * * * * * *
```

参考文献

[1]　胡汉才编著. 单片机原理及其接口技术. 北京:清华大学出版社,1996 年

[2]　周立功等编著. 单片机实验与实践教程(三). 北京:北京航空航天大学出版社, 2006 年

[3]　王幸之等编著. AT89 系列单片机原理与接口技术. 北京:北京航空航天大学出 版社,2004 年

[4]　李学海编著. PIC 单片机实用教程——提高篇(第 2 版). 北京:北京航空航天大 学出版,2007 年

[5]　张萌等编著. 单片机应用系统开发综合实例. 北京,清华大学出版社,2007 年

[6]　沙占友等编著. 单片机外围电路设计(第 2 版). 北京:电子工业出版社,2006 年

[7]　谭浩强编著. C 程序设计. 北京:清华大学出版社,1991 年

[8]　徐爱钧等编著. Keil Cx51 V7.0 单片机高级语言编程与 μVision2 应用实践. 北 京:电子工业出版社,2004 年

[9]　赵建领,薛园园等编著. 51 单片机开发与应用技术详解. 北京:电子工业出版 社,2009 年

[10]　刘同法等编著. 单片机外围接口电路与工程实践. 北京:北京航空航天大学出 版社,2009 年